装配式建筑设计及其构造研究

沈兴刚　王晓飞　王　伟◎著

电子科技大学出版社
University of Electronic Science and Technology of China Press
·成都·

图书在版编目(CIP)数据

装配式建筑设计及其构造研究 / 沈兴刚,王晓飞,
王伟著. —成都 : 电子科技大学出版社,2023.9
ISBN 978-7-5770-0411-2

Ⅰ. ①装… Ⅱ. ①沈… ②王… ③王… Ⅲ. ①装配式
构件-建筑设计-研究②装配式构件-建筑构造-研究
Ⅳ. ①TU3

中国国家版本馆 CIP 数据核字(2023)第 134933 号

装配式建筑设计及其构造研究
ZHUANGPEISHI JIANZHU SHEJI JIQI GOUZAO YANJIU
沈兴刚　王晓飞　王　伟　著

策划编辑　卢　莉
责任编辑　李雨纾

出版发行　电子科技大学出版社
　　　　　成都市一环路东一段 159 号电子信息产业大厦九楼　邮编 610051
主　　页　www.uestcp.com.cn
服务电话　028-83203399
邮购电话　028-83201495

印　　刷　三河市新新艺印刷有限公司
成品尺寸　185mm×260mm
印　　张　10.25
字　　数　243 千字
版　　次　2024 年 7 月第 1 版
印　　次　2024 年 7 月第 1 次印刷
书　　号　ISBN 978-7-5770-0411-2
定　　价　48.00 元

前　言 PREFACE

装配式建筑是一种以工厂化生产、现场装配为特征的建筑生产方式，它具有节能、环保、高效、安全等优点，是建筑业的重要发展方向之一。近年来，随着我国社会经济的快速发展，城市化进程的不断加快，建筑业面临着资源消耗、环境污染、质量安全诸多问题，传统的现场施工方式已经难以满足社会需求和发展趋势。因此，装配式建筑受到了政府、行业和社会的广泛关注和大力推广。

基于此，本书以“装配式建筑设计及其构造研究”为题，首先，介绍了装配式建筑的发展历程、装配式建筑的结构与管理、装配式建筑的相关术语与评价标准；其次，逐一讲解了装配式建筑设计的理念、流程和方法；再次，分别阐述了装配式木结构、装配式钢结构和装配式混凝土结构的设计原理、施工方法和质量控制等，通过对不同材料和结构的研究深入了解各种装配式建筑的特点和适用范围；最后，探讨了装配式建筑设计中的创新技术应用，包括集成、协同设计、模数化与标准化设计以及 BIM 技术的应用。

本书从多个角度切入主题，详略得当，结构布局合理、严谨，语言准确，在有限的篇幅内，力求做到内容系统简明、概念清晰准确、文字通顺简练，形成一个完整、循序渐进、便于阅读与研究的体系。本书内容丰富，实用性强，对研究与从事装配式建筑设计的工作者颇具参考价值。

本书的撰写得到了许多专家学者的帮助和指导，在此表示诚挚的谢意。由于笔者水平有限，加之时间仓促，书中内容难免有疏漏与不够严谨之处，希望各位读者多提宝贵意见，以待进一步修改，使之更加完善。

沈兴刚

2023 年 6 月

目　　录 CONTENTS

第一章　装配式建筑概述

第一节　装配式建筑及其发展

一、装配式建筑的定义

装配式建筑重新定义了建筑的建造方式，一般可以从狭义和广义两个不同角度来理解或定义。

从狭义上讲，装配式建筑是指将预制部品、部件通过可靠的连接方式在工地装配而成的建筑。

从广义上讲，装配式建筑是指用工业化建造方式建造的建筑。工业化建造方式主要是指在房屋建造全过程中以标准化设计、工业化生产、装配化施工、一体化装修和信息化管理为主要特征的建造方式。

工业化建造方式应具有鲜明的工业化特征，各生产要素包括生产资料、劳动力、生产技术、组织管理、信息资源等，在生产方式上充分体现了专业化、集约化和社会化。从装配式建筑发展的目的（建造方式的重大变革）的宏观角度来理解装配式建筑，即从广义上理解或定义。在通常情况下，我们从建筑技术角度来理解装配式建筑，即从狭义上来理解或定义。

（一）装配式建筑的主要优势

1. 提高建筑质量

（1）混凝土结构装配式并不是单纯的工艺改变——将现浇变为预制，而是建筑体系与运作方式的变革，对建筑质量的提升具有推动作用。

第一，装配式混凝土建筑要求设计必须精细化、协同化。如果设计不精细，构件制作好了才发现问题，就会造成很大的损失。装配式要求设计更深入、更细化、更协同，会提高设计质量和建筑品质。

第二，装配式可以提高建筑精度。现浇混凝土结构的施工误差往往以厘米计，而预制构件的误差以毫米计，误差大了就无法装配。预制构件产自工厂模台上的精细模具，比现场生产容易控制品质。预制构件的高精度会“逼迫”现场现浇混凝土工艺精度的提高。

第三，装配式可以提高混凝土浇筑、振捣和养护环节的质量。现场浇筑混凝土，模具组装不易做到严丝合缝，容易漏浆；墙、柱等立式构件不易做到很好的振捣；现场也很难做到符合要求的养护。工厂预制构件时，模具组装可以严丝合缝，混凝土不会漏浆；墙、柱等立式构件大都“躺着”浇筑，振捣方便；板式构件在振捣台上振捣，效果更好；一般采用蒸汽养护方式进行养护，养护质量大大提高。

第四，装配式是实现建筑自动化和智能化的前提。自动化和智能化减少了对责任心、个人技术等不确定因素的依赖，可以最大化避免人为错误，提高产品质量。

第五，工厂作业环境比工地现场更适合全面细致地进行质量控制。

（2）钢结构、木结构装配式和集成化内装修的优势是显而易见的，工厂制作的部品、部件由于剪裁、加工和拼装设备的精度高，有些设备还实现了自动化、数控化，产品质量得到了大幅度提高。

（3）从生产组织体系上来看，装配式将建筑业传统的层层竖向转包变为扁平化分包。层层转包最终将建筑质量的责任系于流动性非常强的外来务工者身上；而扁平化分包，建筑质量的责任由专业化制造工厂分担。工厂有厂房、有设备，质量责任容易追溯。

2. 节约材料

对钢结构、木结构和全装配式混凝土结构而言，装配式能够节约材料。实行内装修和集成化也会大幅度节约材料。

装配整体式混凝土结构有增加材料的地方，比如结构连接会增加套筒、灌浆料和加密箍筋等材料；规范规定的结构计算提高系数或构造加强也会增加配筋。但可以减少的材料包括内墙抹灰、现场模具和脚手架消耗，以及商品混凝土运输车挂在罐壁上的浆料等，总体上是节省材料的。

需要注意的是，如果装配整体式混凝土结构后浇混凝土连接较多，节约材料会比较困难。

3. 提高效率

对钢结构、木结构和全装配式（也就是用螺栓或焊接连接的）混凝土结构而言，装配式能够提高生产效率是毋庸置疑的。对于装配整体式混凝土建筑，装配式也会提高生产效率。

装配式使一些高处和高空作业转移到车间进行，即使没有实现自动化，生产效率也会提高。工厂作业环境比现场优越，工厂化生产不受气象条件制约，刮风、下雨不影响构件制作。工厂调配、平衡劳动力资源也更为方便。

但是，如果一项工程既有装配式、又有较多现浇混凝土，虽然现浇混凝土数量可能减少了，但现浇部位多、零碎化，不仅无法提高效率，还可能降低效率。

此外，如果预制构件伸出钢筋的界面多、钢筋多且复杂，也很难提高整体效率。

4. 缩短工期

一般来说，装配式钢结构和木结构建筑的设计周期不会增加，但装配整体式混凝土建筑的设计周期会增加较多。

计划安排得好，装配式建筑部品、部件的制作一般不会影响整个工期，因为在现场准备和基础施工期间，构件制作可以同步进行，当工地可以安装时，工厂已经生产出所需要的构件了。

就主体结构施工工期而言，全装配式混凝土结构会大幅度缩短工期，但对于装配整体式混凝土结构的主体施工，缩短工期比较难，特别是剪力墙结构，还可能增加工期。

装配式建筑，特别是装配整体式混凝土建筑，缩短工期的空间主要在主体结构施工之后的环节，特别是内装环节，因为装配式建筑湿法作业少，外围护系统与主体结构施工可以同步，内装施工可以紧随结构施工进行，相隔 2～3 层楼即可。因此，当主体结构施工结束时，其他环节的施工也接近结束。

（二）装配式建筑的类型划分

1. 装配式建筑的基本类型划分

（1）按照主体结构材料的不同，装配式建筑可以分为装配式混凝土建筑、装配式钢结构建筑、装配式木结构建筑和装配式组合结构建筑。装配式混凝土建筑采用预制混凝土构件，如墙板、楼板等，可以提高施工效率。装配式钢结构建筑使用预制的钢构件，具有轻巧、抗震等特点。装配式木结构建筑采用预制的木构件，既环保又能够快速搭建。装配式组合结构建筑则是将不同的材料组合在一起，根据具体需求来选择适合的结构材料。

（2）按照建筑的高度，装配式建筑可以分为低层装配式建筑、多层装配式建筑、高层装配式建筑和超高层装配式建筑。低层装配式建筑主要应用于住宅、商业建筑等场所，具有施工快速、质量可控等优势；多层装配式建筑适用于中等规模的建筑项目，可以提高建筑进度和施工效率；高层装配式建筑在技术和安全方面具有更高的要求，但仍然可以通过预制构件实现快速建设；超高层装配式建筑则是近年来的发展趋势，通过装配式技术可以有效缩短施工周期和减少人工成本。

(3) 装配式建筑还可以按照结构体系进行分类。常见的结构体系包括框架结构、框架–剪力墙结构、筒体结构、剪力墙结构、无梁板结构、空间薄壁结构、悬索结构、预制钢筋混凝土柱单层厂房结构等。每种结构体系都有其适用的场景和优势，可以根据具体的需求进行选择。

(4) 根据预制率的不同，装配式混凝土建筑可以分为局部使用预制构件（小于5%）、低预制率（5%～20%）、普通预制率（20%～50%）、高预制率（50%～70%）和超高预制率（70%以上）。预制率的提高可以提高施工速度和质量控制，但不能盲目追求预制率，需要考虑制造成本和运输成本。

2. 依据材料的物理特征进行分类

根据基本材料的物理特征，装配式建筑的建筑材料可分为重质和轻质。典型的重质材料是混凝土，它通常与其他材料制成复合材料使用。

在传统建筑中，混凝土结构墙体的保温效果不佳，需要在外侧设置保温层或装饰层，施工过程烦琐且耗时较长。而装配式建筑采用的预制墙体和维护材料能够实现建筑维护和保温材料的有机结合，从而解决了传统建筑中的问题。尽管如此，重质装配式建筑的发展还是相对较慢，因为连接重质构件的结构施工复杂且材料沉重，影响了构件的运输效率。

轻质材料包括木结构、膜结构、玻璃钢结构和胶合竹结构等。这些材料质量轻且不需要过多加工，非常适合作为装配式建筑的材料。

钢结构是一种常用于大型建筑的轻质材料，其他轻质材料则常用于小型建筑。例如，膜结构是一种适用于大尺度空间围合的轻质材料，包括张拉膜、框架膜和充气膜等类型。这些膜结构材料具有高度的柔韧性和强度，能够创造出令人惊叹的建筑形式。

虽然轻质材料自身的重量较轻，但它们的结构质量并不因此而减弱，能够实现更高的结构强度和稳定性，在许多情况下能够表现得比重质材料更优秀。

3. 依据构件的受力特征进行分类

装配式建筑按照受力特征的不同可以分为墙承重体系、框架承重体系和框架墙承重体系，需要根据建筑尺度的不同选择不同的承重体系。这些承重体系除了剪力墙纸、楼面纸以及梁等共同使用的构件，还会因为体系的不同而使用特制构件（壁柱、楼梯板等）。对于构件来说，其连接方式主要使用混凝土浇筑，就是在连接之后绑扎钢筋，然后现场进行浇筑，而对于其保护层的厚度以及相应的防火性能，会因构件位置的不同而有不同的具体要求。

模数集成是一种独特的装配式建筑类型。建筑由模数化的单元体块堆叠而成。堆叠的每一个单元，它们的结构体系都非常合理，单体强度和整体连接强度都满足要求。这些单元会在工厂中进行工业化生产，保证每个单体的性能相同，进而提升生产效率。有些项目中，每个单体都具有独特的功能，保证了生产加工精度。现场施工过程中，将单元堆叠之后就可以利用预设好的连接方式，把各个单元内预埋的许多管路进行连接。不过，该建造方式还是比较理想化，其缺陷在于生产单元会造成材料耗费量的增加、后续无法进行维护改造等，这也使模数集成的应用范围极其有限，有时根本无法达到设想的效果。

二、装配式建筑的发展

（一）装配式建筑的发展背景

装配式建筑是建造方式的革新，更是建筑业落实中共中央、国务院提出的推动供给侧结构性改革的一个重要举措。“装配式建筑因施工周期短、节约资源等优点得到了广泛应用。”①

装配式建筑在发达国家发展得相对成熟，主要得益于国家工业化程度较高、拥有雄厚的工业基础和发达的制造技术。与此同时，这些国家面临劳动力短缺和大量住房需求的挑战，因此转向装配式建筑成为一种理想选择。在我国，目前装配式建筑技术已经取得了显著的进展，并具备了发展与推广的客观条件。多年的技术积累和创新研究使装配式建筑技术在质量和效率方面均取得了突破。此外，政府相关政策的支持和鼓励，以及建筑业内部的认可度和接受度的提高，也为装配式建筑技术的发展提供了有利环境。

尽管我们近年来积极推动装配式建筑的发展，技术日趋成熟，但整体上其在建筑市场的占比仍然较小，仍需通过加大政府的支持和引导力度，促进装配式建筑技术的推广和普及，提高整体装配式建筑比例，推动建筑行业向更高效、环保和可持续发展的方向转型。

（二）装配式建筑发展的意义

1. 建筑业转型升级的需要

我国建筑业正面临着巨大的变革，一直以来都是一个劳动密集型的行业，但随着时间的推移，积累的深层次矛盾变得越来越突出，粗放增长模式已无法适应变化。过去，我国的建筑业固定资产投资规模庞大，劳动力充足，人工成本低，企业主要致力于规模的扩

① 崔洪军，朱嘉锋，姚胜，等．装配式建筑框架节点研究综述［J］．科学技术与工程，2023，23（1）：1.

张，缺乏推动工业化研究和生产的动力。然而，随着经济和社会的发展，人们对建筑水平和服务品质的要求越来越高，劳动力成本也不断上升，传统的生产模式已经无法满足需求，必须进行转型，采用新的生产方式。

因此，建筑预制装配化是改变建筑业发展方式的重要途径，是提高建筑业工业化水平的重要机遇和手段，也是推动建筑业节能减排的关键切入点，同时还是提高建筑质量的有力手段。装配式建筑对需求方、供给方和整个社会都具有独特的优势，虽然我国在建筑业方面的配套措施还不完善，但从长远来看，科技是第一生产力，装配式建筑必定会成为未来建筑业的主要发展方向。

2. 可持续发展的需求

在可持续发展战略的指导下，建设资源节约型、环境友好型社会已成为国家现代化建设的奋斗目标。为了实现这一目标，国家对资源利用、能源消耗、环境保护等方面提出了更高的要求。在这个背景下，建筑行业要承担更重要的社会责任，需要从大量消耗资源的模式转变为低碳环保的方式，实现可持续发展。

传统的建筑方式给环境造成了严重的影响，如扬尘、废水、废料和能源消耗等。在未来的发展中，建筑工程需要在全生命周期内注重节能降耗、减少废弃物排放、降低环境污染等。装配式建筑是解决这些问题的有效方式之一。

装配式建筑具有可持续性的特点，它采用预制构件和模块化设计，可以减少施工现场对环境的污染和资源的浪费，具有防火、防虫、防潮、保温等功能，并且在节能环保方面表现出色，符合可持续发展的理念。

随着国家产业结构调整和绿色节能建筑理念的倡导，装配式建筑越来越受到关注。它不仅满足国家的要求，也符合社会对绿色、可持续发展的追求，是我国社会经济发展的客观要求，能够提高建筑施工的效率和质量，促进工业化和城镇化的进程。

3. 新型城镇化建设的需要

随着内外部环境和条件的深刻变化，城镇化必须迈入以提升质量为主的转型发展新阶段。无论是在质量、安全还是经济方面，传统建造方式已无法满足现代建设发展的需求，因此，预制整体式建筑结构体系成为符合国家城镇化建设要求和需要的选择。通过发展预制整体式建筑结构体系，可以有效推动建筑业向“绿色建筑”转型，加速建筑业现代化发展的步伐，有助于快速推进我国的城镇化建设进程。随着城镇化建设速度的不断加快，预制整体式建筑结构体系为实现高质量、高效率的建筑提供了可行解决方案，同时也减少了对资源的浪费和环境的影响。这种转变将进一步推动我国建筑业的可持续发展，为城镇化进程注入活力。

第二节 装配式建筑的结构与管理

一、装配式建筑设计及其结构体系

(一) 装配式建筑设计的原则

1. 模数协调

住宅产业化是一种通过工业化生产方式建造住宅的发展模式，它不仅仅涉及住宅建筑本身，还牵涉到多个上下游行业。实现住宅产业化的关键问题之一是统一标准，标准化是实现规模化生产的基础。在装配式住宅的生产中，需要建立适用的模数原则来确保生产的顺利进行。

模数原则是一种通过优化配合和统一尺寸的方法，旨在实现住宅在功能、质量、技术和经济等方面的最优方案。在我国的建筑设计和施工中，必须遵循《建筑模数协调统一标准》，其中规定的基本模数为 100 mm。这个标准的制定是为了确保住宅的部件能够相互配合，实现高效的装配式建造。

装配式住宅需要统一平面、立面和部件的尺寸标准，而基于模数协调原则进行尺寸优化是实现标准化设计的前提。住宅的平面尺寸主要由开间和进深决定。常见的开间尺寸包括 4200 mm、3900 mm、3600 mm 等，进深一般为 3.0 m、6.0 m。通过在这些尺寸范围内进行设计，可以确保住宅的内部空间充分利用，并且方便各种设备和装置的安装。

此外，住宅的立面也需要考虑标准化尺寸。常见的层高为 2700 mm、3300 mm 等。在设计过程中，以扩大模数为基准设计房间的开间进深，可以协调尺寸相近的房间，以达到减少标准开间类型的目的，有利于装配式住宅构、部件的尺寸统一和系列化生产。

2. 结构布置均匀

装配式建筑结构布置的均匀性对于保证建筑的稳定性和强度非常重要。以下是一些与结构布置均匀性相关的设计原则。

(1) 均匀分布载荷：在设计装配式建筑的结构时，应考虑均匀分布载荷的原则。这意味着将建筑的重量、荷载和压力等均匀地分布到整个结构上，而不是集中在某些特定的区域。这有助于保持建筑的平衡和稳定性。

(2) 均匀分布支撑：支撑结构的设置也应尽量均匀分布。合理选择支撑点的位置和数量，使其能够均匀地承受建筑的重量和荷载。通过均匀分布支撑，可以降低局部应力集中，增强整体结构的稳定性。

（3）模块化设计：装配式建筑通常采用模块化设计，即将建筑分解为标准化的模块，然后进行工厂化生产和组装。在模块化设计中，要尽量保持各个模块的形状、大小和重量等参数的均匀性，以便在组装过程中实现结构的均匀布置。

（4）平衡布局：在装配式建筑的设计中，需要考虑整体布局的平衡性。各个模块或部分之间的位置、负荷和力的传递应具有均衡性，避免出现过于集中或不均匀的力学反应。

（5）结构优化：通过结构优化的方法，可以实现结构布置的均匀性。结构优化考虑材料的使用效率、力学性能和布置的均匀性等因素，以使结构更加合理和稳定。

以上原则有助于确保装配式建筑的结构布置均匀，提高建筑的整体性能。在设计过程中，还需要综合考虑建筑功能、美学要求、施工工艺等多个因素，以实现结构布置的均匀性与整体设计的协调统一。

3. 住栋平面布局

平面装配式住宅设计的关键在于遵循标准化原则，并采用模块化的方法。标准户型可以分解为卧室、客厅、书房、餐厅、卫生间、阳台等基本模块，通过功能空间分析和模数协调原则来组合形成扩大模块。扩大模块采用装配式剪力墙构建外部承重结构，内部采用轻质隔墙将其划分为不同的功能区域，形成多种样式的户型模块。

在设计户型模块时，需要考虑模块内部功能布局的多样性，以及模块之间的互换性和通用性。这样可以实现灵活的空间组合，满足不同家庭的需求。此外，装配式住宅的住栋平面组合方式主要包括点式、廊式和单元式，不同地区会因地域差异而采用不同的布局方式。因此，根据地域特点和住宅性质，应合理选择适合的住栋平面布局形式，并通过 BIM 技术进行可视化分析和评估。

4. 住宅部品标准化

部品标准化是指在装配式建筑设计过程中，使用统一的尺寸、规格和接口设计，使不同部件可以互换使用，提高生产效率和质量一致性。以下是几个关于住宅部品标准化的原则。

（1）统一尺寸：住宅装配式建筑应采用统一的尺寸标准，如墙板、地板、门窗等，各部件的尺寸应符合统一规范。这样可以确保不同供应商的部件可以互换使用，简化设计和生产过程。

（2）规范化接口：住宅部件应设计统一的接口，便于组装和连接。例如，墙板应具有标准的连接接口，不同墙板可以方便地连接在一起，形成完整的墙体结构。

(3) 模块化设计：住宅部件可以采用模块化设计，即将整个住宅拆分为若干个标准化的模块，如墙模块、楼板模块等。这样可以在生产线上进行批量化生产，提高生产效率、加强质量控制。

(4) 统一材料：在住宅装配式建筑设计中，应优先选择常用的、易于获取的材料，并确保这些材料符合相应的标准。这有助于提高供应链的可靠性，减少材料供应的不稳定性对工程进度产生不利的影响。

(5) 一致性设计：住宅部件的设计应具有一致性，即不同部件之间的样式、外观和质量应保持一致。这可以提高整体建筑的美观和品质。

通过住宅部品标准化，可以实现住宅装配式建筑的工程化、规模化和产业化发展，提高建筑的质量、效率和可持续性。此外，部品标准化还有利于后期维护和升级，方便更换和更新部件，延长建筑的使用寿命。

(二) 装配式组合结构的建筑

装配式组合结构并不是指“混合结构+装配式”，而是一个广义的概念。混合结构是由钢框架（框筒）、型钢混凝土框架（框筒）、钢管混凝土框架（框筒）与钢筋混凝土核心筒所组成的共同承受水平和竖向作用的建筑结构。简言之，混合结构就是钢结构与钢筋混凝土核心筒混合的结构。装配式组合结构建筑是指建筑的结构系统（包括外围护系统）由不同材料预制构件装配而成的建筑。

1. 装配式组合结构的特点

装配式组合结构有以下特点：

(1) 由不同材料制作的预制构件装配而成；

(2) 预制构件是结构系统（包括外围护系统）构件。

按照这个定义，在钢管柱内现浇混凝土虽然是两种材料的组合，但不能算作装配式组合结构，因为它不是不同材料预制构件的组合。

对于型钢混凝土而言，如果包裹型钢的是现浇混凝土，也不能算作装配式组合结构，因为它不是不同材料预制构件的组合。如果包裹型钢的混凝土与型钢一起预制，就属于装配式组合结构。混合结构中的钢筋混凝土核心筒如果采用现浇工艺，那么这个混合结构的建筑不能算作装配式组合结构；如果钢筋混凝土核心筒是预制的，那么它就属于装配式组合结构。

2. 装配式组合结构的优点

选用装配式组合结构旨在获得单一材料装配式结构无法实现的某些功能或效果。通常，装配式组合结构具备的主要优点如下。

（1）更好地实现建筑功能。装配式混凝土建筑采用钢结构屋盖，可以获得大跨度无柱空间。钢结构建筑采用预制混凝土夹心保温外挂墙板，可以方便地实现外围护系统建筑、围护及保湿等功能的一体化。

（2）更好地实现艺术表达。木结构、钢结构、混凝土结构组合的装配式建筑，可以集合两者（或三者）优势，获得更好的建筑艺术效果。

（3）优化结构。在重量轻、抗弯性能好的位置宜使用钢结构或木结构构件；在希望抗压性能好或减少层间位移的位置宜使用混凝土预制构件等。

（4）使施工更便利。装配式混凝土筒体结构的核心区柱子为钢柱，施工时作为塔式起重机的基座，随层升高，非常便利。例如，荆棘冠教堂建在树林里，无法使用起重设备，因此采用钢结构和木结构组合的装配式结构，设计的钢结构和木结构构件的重量应使两个工人就可以搬运。

3. 装配式组合结构的类型

（1）装配式混凝土结构+钢结构。“装配式混凝土结构+钢结构”建筑是混凝土预制构件与钢结构构件装配而成的建筑，是比较常见的装配式组合结构。

第一种，混凝土结构为主，钢结构为辅。①多层或高层建筑采用预制混凝土柱、梁、楼盖，以及钢结构屋架和压型复合板屋盖；②高层筒体结构建筑采用预制钢筋混凝土外筒以及钢结构内柱与梁；③单层工业厂房采用预制混凝土柱、吊车梁以及钢结构屋架与复合板屋盖；④多层框架结构工业厂房采用预制混凝土柱、梁、楼盖以及钢结构屋架与压型复合板屋盖。

第二种，钢结构为主，混凝土结构为辅。①钢结构建筑采用预制混凝土楼盖，包括叠合板、预应力空心板、预应力叠合板、预制楼梯和预制阳台等；②钢结构建筑采用预制混凝土梁与剪力墙板等；③钢结构建筑采用预制混凝土外挂墙板。

（2）装配式钢结构+木结构。装配式钢结构+木结构建筑经常被设计师采用，主要类型包括：

①以钢结构为主，以木结构为辅．木结构兼作围护结构，突出了木结构的艺术特色；

②钢结构与木结构并行采用；

③以木结构为主，需要结构加强的部位采用钢结构。

（3）装配式混凝土结构+木结构。“装配式混凝土结构+木结构”建筑的主要类型包括：

①在装配式混凝土建筑中，采用整间板式木围护结构；

②在装配式混凝土建筑中，用木结构屋架或坡屋顶；

③装配式混凝土结构与木结构的“混搭”组合。

（4）其他装配式组合结构。其他装配式组合结构主要包括：

①钢筋混凝土结构或钢悬索结构；

②钢结构支撑体系与张拉膜组合结构，这种类型比较多见；

③装配式纸板结构与木结构组合结构；

④装配式纸板结构与集装箱组合结构。

（三）装配式建筑的结构体系

装配式建筑是在预制工厂中生产建筑构件，然后运输到施工现场进行组装的建筑方式。这种建筑方法可以将部分或全部的构件在工厂中进行标准化生产，提高了施工效率，加强了质量控制。装配式建筑还可以使用机械吊装或其他可靠手段进行连接，形成完整的功能性房屋。在欧美和日本等国家，装配式建筑也被称为工业化住宅或产业化住宅。根据不同的材料，装配式建筑可以分为木结构体系、轻钢结构体系和混凝土结构体系等。

1. 木结构体系

木结构体系是一种以木材为主要受力体系的工程结构。在我国古代，木结构一直占据着统治地位。然而，随着时间的推移，现代的木结构与古代的有所不同。木材本身具有抗震、隔热保温、节能、隔声和舒适等优点，再加上其经济性和易得性，在国外，尤其是美国，木结构成为一种常见且广泛采用的建筑形式。

然而，由于我国人口众多、房地产需求量大，森林资源和木材贮备有限，木结构并不适合我国的现代建筑发展需求。我国近年出现的木结构主要集中在低密度高档独立住宅，也就是木结构别墅区，满足一定层面消费者对传统天然建材木材的偏好。与美国不同，我国现有的木结构低密度住宅是一种高端产品，不能作为普通低层住宅对待。并且，这些住宅虽然在具体构造特点上相似，但大多数木材需要进口。

2. 轻钢结构体系

轻钢结构是一种优质的替代品，适用于不超过九层高的建筑。其结构主体采用薄木片的压型材料，类似于木结构的“龙骨”，连接节点使用螺栓。这种结构体系具有许多优点，例如，重量轻、强度高，可以减轻建筑自身的重量，扩大空间跨度和功能分隔，同时具备良好的抗震和抗风性能。此外，轻钢结构的施工速度快，易于确保工程质量，方便改造和拆迁，并可回收再利用。当然，轻钢结构也存在一些不足之处。首先，它的热阻较小，耐火性差，传热速度快，不利于墙体的保温隔热；其次，轻钢结构的耐腐蚀性较差，并且抗剪刚度不够。

在我国，钢材产量丰富且品种多样，但钢结构住宅的规范不完善，缺乏成熟的技术体系，这导致钢结构的工业化水平、劳动生产率和住宅综合质量相对较低。此外，装配式钢结构住宅产业化发展仍面临一些挑战，需要解决许多问题，包括技术标准的统一、产业链的完善、设计和施工的一体化以及市场需求的推动等。

3. 混凝土结构体系

装配式建筑的混凝土结构体系作为一种常见且可靠的选择，在许多建筑项目中被广泛采用。混凝土结构体系的设计和构建涉及多个关键组成部分，包括混凝土柱、混凝土梁、混凝土楼板、混凝土墙以及建筑物的基础。

混凝土柱是混凝土结构体系中的重要组成部分。它们承受着垂直荷载，并将这些荷载传递到地基中。混凝土柱通常位于建筑物的角落或柱网中，以确保荷载能够均匀分布，并为建筑物提供稳定的支撑。柱子的尺寸和形状根据设计需求和荷载要求来确定，可以是方形、矩形或圆形。

混凝土梁是另一个重要的组成部分，用于承受楼板和屋顶的荷载，并将这些荷载传递到柱子上。梁位于柱子的顶部，形成一个水平的框架结构，增加建筑物的整体刚度。混凝土梁通常具有梁柱连接，以确保梁和柱之间的有效传力，提供稳定的结构性能。

混凝土楼板是用于覆盖建筑物楼层的重要部分。它们提供了人员活动和使用空间，并承受楼层荷载。混凝土楼板可以采用不同的构造形式，如预制混凝土板或现浇混凝土板。预制混凝土板在工厂中进行生产，并在现场进行组装，以加快施工进度。现浇混凝土板则是在现场进行浇筑和养护，以适应特定的设计要求和空间布局。

混凝土墙在混凝土结构体系中起到围护和分隔的作用。它们可以作为外墙和内墙，提供建筑物的保温、隔热、隔音等功能。混凝土墙可以采用预制墙板或现浇墙体的形式。预制混凝土墙板在工厂中进行制造，并在现场进行安装。现浇混凝土墙体则是在现场进行浇筑，以适应建筑物的特殊要求和设计。

除了上述组成部分，混凝土结构体系还依赖于坚固的基础，将建筑物的重量和荷载传递到地基中。混凝土基础通常采用浇筑的方式进行施工，以确保其强度和稳定性。基础的类型和设计需要考虑建筑物的规模、土壤条件和地理环境等因素。

装配式建筑中的混凝土结构体系具有多个优势。一是预制混凝土构件的使用可以提高施工效率，加强质量控制。这些构件在工厂中进行生产，并在现场进行快速组装，减少了施工时间和对人力资源的需求。二是混凝土结构具有出色的耐久性和抗震性能，能够承受各种外部荷载和环境条件的影响。三是混凝土结构还能够提供良好的隔音和隔热性能，改善建筑物的居住舒适度。

当然，混凝土结构体系也存在一些挑战和注意事项。首先，由于混凝土的重量较大，需要合理设计和施工，以确保结构的稳定性和安全性；其次，对于大型的装配式混凝土结构，需要合理的运输和吊装方案，以确保构件的完整性和准确的安装位置；最后，混凝土结构的施工还需要进行充分的质量控制和监督，以确保混凝土的强度、均匀性和耐久性。

总的来说，混凝土结构体系是装配式建筑中常用的一种结构形式。它通过混凝土柱、混凝土梁、混凝土楼板、混凝土墙和建筑物的基础等关键组成部分，提供了稳定的承载能力和适应不同建筑需求的灵活性。在装配式建筑领域，合理设计和施工的混凝土结构体系能够提高施工效率、减少现场施工时间，并提供可靠的建筑解决方案。随着技术和工艺的不断进步，混凝土结构体系在未来将继续发挥重要作用，并不断创新和演进。

二、装配式建筑的具体管理分析

（一）装配式建筑管理的重要性

1. 有效管理为行业良性发展保驾护航

（1）政府管理。从政府管理角度来看，政府应制定适合装配式建筑发展的政策措施，并贯彻落实到位。

第一，推动主体结构装配与全装修同步实施。我国目前的商品房大部分还是毛坯房交付，如果只是建筑主体结构装配，不同时推动全装修，装配式建筑的节省工期、提升质量等优势不能完全体现。

第二，推进管线分离与同层排水的应用。管线分离、同层排水等提高建筑寿命、提升建筑品质的措施，如果没有政府在制度层面的设计和实施，也无法真正得到有效推广。

第三，建立适应装配式建筑的质量安全监管模式。政府应牵头加大对装配式建筑建设过程的质量和安全的管理，如果还是采用现浇模式的管理办法，不配套设计适合装配式建筑的管理模式，则装配式建筑将得不到有效管理，还会制约装配式建筑的健康发展。

第四，推动工程总承包模式。工程总承包模式的应用对装配式建筑发展十分有利，如果政府没有这方面的制度设计和管理措施，也将极大制约装配式建筑的进一步发展。

（2）企业管理。从企业管理角度来看，装配式建筑的各紧密相关方都需要良好的管理。

第一，甲方是推动装配式建筑发展和管理的总牵头单位。是否采用工程总承包模式，是否能够有效整合协调设计、施工和部品部件生产企业等，都是直接关系到装配式项目能否顺利完成的关键因素。甲方的管理方式和能力将起到决定性作用。

第二，设计单位是否充分考虑了组成装配式建筑的部品部件的生产、运输、施工等便利性因素，也决定着项目能否顺利实施。

第三，施工单位是否科学设计了项目的实施方案（如塔式起重机的布置、吊装班组的安排、部品部件运输车辆的调度等），对于项目是否省工、省力都有重要作用。同样，监理和生产等企业的管理，都会在各自的职责领域中发挥重要的作用。

2. 有效管理保证各项技术措施的实施

装配式建筑实施过程中生产、运输和施工等环节都需要有效的管理保障，也只有有效的管理才能保证各项技术措施的有效实施。例如，装配式建筑的核心是连接，连接的好坏直接关系着结构的安全，虽然有了高质量的连接材料和可靠的连接技术，但缺失有效的管理，操作工人没有意识到或者根本不知道连接的重要性，依然会给装配式建筑带来灾难性后果。

（二）开发企业对装配式建筑的管理

1. 装配式建筑给开发企业带来的好处

（1）从产品层面看，装配式建筑可以显著提高房屋的质量与使用功能，使现有建筑产品升级，为消费者提供安全、可靠、耐久、适用的产品，有效解决现浇建筑的诸多质量通病，降低顾客投诉率，提升房地产企业品牌。

（2）从投资层面看，装配式建筑组织得好，可以缩短建设周期、提前销售房屋、加快资金周转率、减少财务成本。

（3）从社会层面看，装配式建筑按国家标准是四个系统（结构系统、外围护系统、内装系统、设备与管线系统）的集成，实行全装修、提倡管线分离等，对提升产品质量具有重要意义，符合绿色施工和环保节能要求，是符合社会发展趋势的建设方式。

2. 对装配式建筑进行全过程质量管理

开发企业作为装配式建筑第一责任主体，必须对装配式建筑进行全过程质量管理。

（1）设计环节。开发企业应对以下设计环节进行管控。

第一，经过定量的方案比较，选择符合建筑使用功能、结构安全、装配式特点和成本控制要求的适宜的结构体系。

第二，进行结构概念设计和优化设计，确定适宜的结构预制范围及预制率。

第三，按照规范要求进行结构分析与计算，避免因拆分设计改变起始计算条件而未做相应的调整，影响使用功能和结构安全。

第四，进行四个系统集成设计，选择集成化部品部件。

第五，进行统筹设计，应将建筑、结构、装修、设备与管线等各个专业以及制作、施工各个环节的信息进行汇总，对预制构件的预埋件和预留孔洞等设计进行全面细致的协同设计，避免遗漏和碰撞。

第六，设计应实现模数协调，给出制作、安装的允许误差。

第七，对关键环节设计（如构件连接、夹心保温板设计）和重要材料选用（如灌浆套筒、灌浆料、拉结件的选用）进行重点管控。

（2）构件制作环节。开发企业应对以下制作环节进行管控。

第一，按照装配式建筑标准的强制性要求，对灌浆套筒与夹心保温板的拉结件做抗拉实验。灌浆套筒作为最主要的结构连接构件，未经实验便批量制作生产，会带来重大的安全隐患。在浆锚搭接中金属波纹管以外的成孔方式也须做试验，验证后方可使用。

第二，对钢筋、混凝土原材料、套筒、预埋件的进场验收，进行管控与抽查。

第三，对模具质量进行管控，确保构件尺寸和套筒与伸出钢筋的位置在允许误差之内。

第四，进行构件制作环节的隐蔽工程验收。

第五，对夹心保温板的拉结件进行重点监控，避免锚固不牢导致外叶板脱落事故。

第六，对混凝土浇筑与养护进行重点管控。

（3）施工安装环节。开发企业应对以下施工环节进行管控。

第一，构件和灌浆料等重要材料进场须验收。

第二，与构件连接伸出钢筋的位置与长度在允许偏差内。

第三，吊装环节保证构件标高、位置和垂直度准确，套筒或浆锚搭接孔与钢筋连接顺畅，严禁钢筋或套筒位置不准采用煨弯钢筋而勉强插入的做法，严格监控割断连接钢筋或者凿开浆锚孔等破坏性安装行为。

第四，构件临时支撑安全可靠，斜支撑地锚应与叠合楼板桁架筋连接。

第五，及时进行灌浆作业，随层灌浆，禁止滞后灌浆。

第六，必须保证灌浆料按规定调制，并在规定时间内使用（一般为 30 分钟）；必须保证灌浆饱满无空隙。

第七，对于外挂墙板，确保柔性支座连接符合设计要求。

第八，在后浇混凝土环节，确保钢筋连接符合要求。

第九，外墙接缝防水严格按设计规定作业等。

3. 装配式建筑工程总承包单位的选择

工程总承包模式是适合装配式建筑建设的组织模式。开发企业在选择装配式建筑工程总承包单位时要注意以下要点。

（1）拥有足够的实力和经验。开发企业应首选具有一定市场份额和良好市场口碑且装配式设计、制作、施工丰富经验的总承包单位。

（2）能够投入足够的资源。有些实力较强的工程总承包单位，由于项目过多无法投入足够的人力物力。开发企业应做好前期调研，并与总承包单位做好沟通。总承包单位能否配置关键管理人员，构件制作企业是否有足够产能等都应加以考察和关注。

4. 开发商装配式建筑监理单位的选择

开发企业选择装配式建筑的监理单位时应注意以下要点。

（1）熟悉装配式建筑的相关规范。目前，装配式建筑正处于发展的初期阶段，相关法规、规范还不健全，监理单位应充分了解关于装配式建筑的相关规范，并能结合实际施工经验，做好日常监督工作。

（2）拥有装配式建筑监理经验。装配式建筑的设计思路、施工工艺和工法有很多，给监理单位在审查和监督施工的施工组织设计时带来很大困难，因此监理公司的相关经验很重要，要关注监理人员是否受过专业培训，是否有完善的装配式建筑监理流程和管理体系等。

（3）具备信息化能力。装配式建筑的监理单位应掌握 BIM 并具备相关信息化管理能力，实现预制构件生产及安装的全过程监督、监控。

5. 开发商对构件制作单位的选择要点

我国已取消预制构件企业的资质审查认定，从而降低了构件生产的门槛。开发企业选择构件制作单位时一般有三种形式：总承包方式、工程承包方式和开发企业指定方式。一般情况下不建议采用开发企业指定的方式，避免出现问题后各方相互推诿。采用前两种模式选择构件制作单位时，应注意以下要点。

（1）有一定的构件制作经验。有经验的预制构件企业在初步设计阶段就应介入，提出模数标准化的相关建议。在预制构件施工图设计阶段，预制构件企业需要对建筑图样有足够的拆分能力与深化设计的能力，考虑构件的可生产性、可安装性和整体建筑的防水防火性能等相关因素。

（2）有足够的生产能力。预制构件企业要能够同时满足多个项目施工安装的需求。

（3）有完善的质量控制体系。预制构件企业要有足够的质量控制力，在材料供应、检测试验、模具生产、钢筋制作绑扎、混凝土浇筑、预制件养护脱模、预制件储存和交通运输等方面都要有相应的规范和质量管控体系。

(4) 有基本的生产设备及场地。预制构件企业要有实验检测设备及专业人员，基本生产设施要齐全，还要有足够的构件堆放场地。

(5) 信息化能力。预制构件企业要有独立的生产管理系统，能够实现预制构件产品的全生命周期管理、生产过程监控系统生产管理和记录系统、远程故障诊断服务等。

(三) 监理对装配式建筑的管理

1. 监理管理的特点

装配式建筑的监理工作超出传统现浇混凝土工程工作范围，对监理人员的素质和技术能力提出了更高的要求，主要表现为以下几个方面。

(1) 监理范围的扩大。监理工作从传统现浇作业的施工现场延伸到了预制构件工厂，须实行驻厂监理，并且监理工作要提前介入构件模具设计过程。同时要考虑施工阶段的要求，如构件重量、预埋件、机电设备管线、现浇节点模板支设和预埋等。

(2) 所依据的规范增加。除了现浇混凝土建筑的所有规范外，还增加了有关装配式建筑的标准和规范。

(3) 安全监理增项。在安全监理方面，主要增加了工厂构件制作、搬运和存放过程的安全监理，构件从工厂到工地运输的安全监理，构件在工地卸车、翻转、吊装、连接和支撑的安全监理，等等。

(4) 质量监理增项。装配式建筑监理在质量管理基础上增加了工厂原材料和外加工部件、模具制作、钢筋加工等监理，套筒灌浆抗拉试验，拉结件试验验证，浆锚灌浆内模成孔试验验证，钢筋、套筒、金属波纹管、拉结件、预埋件入模或锚固监理，预制构件的隐蔽工程验收，工厂混凝土质量监理，工地安装质量和钢筋连接环节（如套筒灌浆作业环节）质量监理，叠合构件和后浇混凝土的混凝土浇筑质量监理，等等。

此外，由于装配式建筑的结构安全有“脆弱点”，导致旁站监理环节增加，装配式建筑在施工过程中一旦出现问题，能采取的补救措施较少，从而对监理工作能力也提出了更高的要求。

2. 监理的主要内容

装配式建筑的监理工作内容除了现浇混凝土工程所有监理工作内容之外，还包括以下内容。

(1) 搜集装配式建筑的国家标准、行业标准和项目所在地的地方标准。

(2) 对项目出现的新工艺、新技术和新材料等编制监理细则与工作程序。

（3）应建设单位要求，在建设单位选择总承包、设计、制作和施工企业时提供技术性支持。

（4）参与组织设计和制作以及与施工方的协同设计。

（5）参与组织设计交底与图样审查，重点检查预制构件图各专业、各环节需要的预埋件、预埋物有无遗漏或“撞车”。

（6）对预制构件工厂驻厂监理，全面监理构件制作各环节的质量与生产安全。

（7）对装配式建筑安装全面监理，监理各作业环节的质量与生产安全。

（8）组织工程的各工序验收。

（四）设计单位对装配式建筑的管理

设计单位对装配式建筑设计的管理要点包括统筹管理、建筑师与结构设计师主导、三个提前、建立协同平台和设计质量管理重点。

1. 统筹管理

装配式建筑设计是一个有机的整体，不能对之进行“拆分”，而应当更紧密地统筹。除了建筑设计各专业外，必须对装修设计统筹，对拆分和构件设计统筹，即使有些环节委托专业机构参与设计，也必须在设计单位的组织领导下进行，纳入统筹范围。

2. 建筑师与结构设计师主导

装配式建筑的设计应当由建筑师和结构设计师主导，而不是在常规设计之后交由拆分机构主导。建筑师要组织好各专业的设计协同和四个系统部品部件的集成化设计。

3. 三个提前

（1）关于装配式的考虑要提前到方案设计阶段。

（2）装修设计要提前到建筑施工图设计阶段，与建筑、结构和设备管线各专业同步进行，而不是在全部设计完成之后才开始。

（3）同制作、施工环节人员的互动与协同应提前到施工图设计之初，而不是在施工图设计完成后进行设计交底的时候才接触。

4. 建立协同平台

预制混凝土装配式建筑尤其强调协同设计。协同设计就是一体化设计，是指建筑、结构、水电、设备与装修等专业互相配合；设计、制作和安装等环节互动；运用信息化技术手段进行一体化设计，以满足制作、施工和建筑物长期使用的要求。预制混凝土装配式建筑强调协同设计主要有以下原因：

（1）装配式建筑的特点要求部品部件相互之间精准衔接，否则无法装配。

（2）现浇混凝土建筑虽然也需要各专业间的配合，但不像装配式建筑要求这么紧密和精密。装配式建筑各专业集成的部品部件必须由各专业设计人员协同设计。

（3）现浇混凝土建筑的许多问题可在现场施工时解决或补救，而装配式建筑一旦有遗漏或出现问题就很难补救，也可以说预制混凝土装配式建筑对设计时的错误宽容度很低。

预制混凝土装配式建筑设计是一个有机的过程。“装配式”的概念应伴随设计全过程，需要建筑师、结构设计师和其他专业设计师密切合作与互动，还需要设计人员同制作厂家与安装施工单位的技术人员密切合作及互动，从而实现设计的全过程协同。

5. 设计质量管理重点

预制混凝土装配式建筑的设计深度和精细程度要求更高，一旦出现问题，往往无法补救，会造成很大损失并延误工期。为了保证设计质量，必须注意以下几个重点。

（1）结构安全是设计质量管理的重中之重。由于预制混凝土装配式建筑的结构设计与机电安装、施工、管线铺设和装修等环节需要高度协同，专业交叉多且系统性强，在结构设计过程中还涉及结构安全等问题，因此应当重点加强管控，实行风险清单管理，如夹心保温连接件与关键连接节点的安全问题等，各项目必须列出清单。

（2）必须满足相关规范、规程、标准和图集的要求。满足规范要求是保证结构设计质量的首要保证。设计人员必须充分理解和掌握规范、规程的相关要求，从而在设计上做到有的放矢和准确灵活应用。

（3）必须满足《建筑工程设计文件编制深度规定》的要求。《建筑工程设计文件编制深度规定》作为国家性建筑工程设计文件编制工作的管理指导文件，对装配式建筑设计文件从方案设计、初步设计、施工图设计、PC 专项设计的文件编制深度做了补充和完善，是确保各阶段设计文件质量和完整性的权威规定。

（4）编制统一技术管理措施。根据不同的项目类型特点，制定统一的技术措施，这样就不会因为人员变动而带来设计质量的波动，甚至在一定程度上可以降低设计人员水平差异带来的风险，使得设计质量保持稳定。

（5）建立标准化的设计管控流程。装配式建筑的设计有其自身的规律性，依据其规律性制定标准化设计管控流程，对项目设计质量提升具有重要意义。一些标准化、流程化的内容甚至可以使用软件来控制，形成后台的专家管理系统，从而更好地保证设计质量。

（6）建立设计质量管理体系。在传统设计项目上，相关设计院已形成的质量管理标准和体系（如校审制度、培训制度和设计责任分级制度），都可以在装配式建筑上沿用，并进一步扩展补充，建立新的协同配合机制和质量管理体系。

（7）采用BIM技术设计。装配式混凝土建筑宜采用建筑信息模型（BIM）技术，实现全专业、全过程的信息化管理。采用BIM技术对提高工程建设一体化管理水平具有重要作用，极大地避免了人工复核带来的局限，在提升技术的同时保证了设计的质量和工作效率。

（五）制造企业对装配式建筑的管理

混凝土预制构件制造企业管理内容包括生产管理、技术管理、质量管理、成本管理、安全管理和设备管理等。以下主要讨论生产管理、技术管理、质量管理和成本管理。

1. 生产管理

生产管理的主要目的是按照合同约定的交货期交付合格的产品，主要包括以下内容。

（1）编制生产计划。根据合同约定和施工现场安装顺序与进度要求，编制详细的构件生产计划；根据构件生产计划编制模具制作计划、材料计划、配件计划、劳保用品和工具计划、劳动力计划、设备使用计划和场地分配计划等。

（2）实施各项生产计划。

（3）按实际生产进度检查、统计、分析。建立统计体系和复核体系，准确掌握实际生产进度，对生产进程进行预判，预先发现影响计划实现的问题和障碍。

（4）调整、调度和补救生产计划。可通过调整计划、调动资源（如加班、增加人员和增加模具等）、采取补救措施（如增加固定模台等），及时解决影响生产进度的问题。

2. 技术管理

混凝土预制构件制作企业技术管理的主要目的是按照设计图样和行业标准、相关国家标准的要求，生产出安全可靠、品质优良的构件，主要包括以下内容。

（1）根据产品特征确定生产工艺，按照生产工艺编制各环节操作规程。

（2）建立技术与质量管理体系。

（3）制定技术与质量管理流程，进行常态化管理。

（4）全面领会设计图样和行业标准、相关国家标准关于制作的各项要求，制定落实措施。

（5）制定各作业环节和各类构件制作技术方案。

3. 质量管理

（1）质量管理的主要内容。

第一，生产单位应具备保证产品质量要求的生产工艺设施与试验检测条件，建立完善的质量管理体系和制度，并应建立质量可追溯的信息化管理系统。因此，构件制作工厂在质量管理上应当建立质量管理体系、制度和信息管理化系统。

第二，质量管理体系应建立与质量管理有关的文件形成过程和控制工作程序，应包括文件的编制（获取）、审核、批准、发放、变更和保存等。与质量管理有关的文件包括法律法规和规范性文件、技术标准、企业制定的质量手册、程序文件和规章制度等质量体系文件。

第三，信息化管理系统应与生产单位的生产工艺流程相匹配，贯穿整个生产过程，并应与构件 BIM 信息模型有接口，有利于在生产全过程中控制构件生产质量，并形成生产全过程记录文件及影像。

（2）质量管理的特点。混凝土预制构件制作企业质量管理主要围绕预制构件质量、交货工期、生产成本等开展工作，有如下特点。

第一，标准为纲。构件制作企业应制定质量管理目标、企业质量标准，执行国家及行业现行相关标准，制定各岗位工作标准、操作规程、原材料及配件质量检验制度、设备运行管理规定及保养措施，并以此为标准开展生产。

第二，培训在先。构件制作企业应先行组建质量管理组织架构，配备相关人员并按照岗位进行理论培训和实践培训。

第三，过程控制。按照标准与操作规程，严格检查预制混凝土生产各环节是否符合质量标准要求，对容易出现质量问题的环节要提前预防并采取有效的管理手段和措施。

第四，持续改进。对出现的质量问题要找出原因，提出整改意见，确保不再出现类似的质量事故。对使用新工艺、新材料、新设备等环节的人员要先行培训，并制定相符的新标准后再开展工作。

4. 成本管理

目前，我国预制混凝土装配式建筑成本高于现浇混凝土建筑成本，其主要原因有：一是社会因素，市场规模小，导致生产摊销费用高；二是结构体系不成熟或技术规范相对审慎所造成的成本高；三是没能形成专业化生产，构件工厂生产的产品的品种多，无法形成单一品种大规模生产。降低制作企业生产成本主要有以下途径。

（1）降低建厂费用。

第一，根据市场的需求和发展趋势，明确产品定位，可以做多样化的产品生产，也可以选择生产一种产品。

第二，确定适宜的生产规模，可以根据市场规模逐步扩大。

第三，从实际生产需求、生产能力和经济效益等多方面综合考虑，确定生产工艺，选择固定台模生产方式或流水线生产方式。

第四，合理规划工厂布局，节约用地。

第五，制定合理的生产流程及转运路线，减少产品转运。

第六，选购合适的生产设备。

构件制作企业在早期可以通过租厂房、购买商品混凝土以及采购钢筋成品等社会现有资源启动生产。

（2）优化设计。在设计阶段要充分考虑构件拆分和制作的合理性，尽可能减少规格型号，注重考虑模具的通用性和可修改替换性。

（3）降低模具成本。模具费占构件制作费用的5％～10％。根据构件复杂程度及构件数量，可选择不同材质和不同规格的材料来降低模具造价，例如使用水泥基替代性模具。通过增加模具周转次数和合理改装模具，从而降低构件成本。

（4）规划合理的制作工期。与施工单位做好合理的生产计划，确定合理的工期，可保证项目的均衡生产，降低人工成本、设备设施费用、模具数量以及各项成本费用的分摊额，从而达到降低预制构件成本的目的。

（5）执行有效管理。通过有效的管理，建立健全并严格执行管理制度，制定成本管理目标，改善现场管理，减少浪费，加强资源回收利用；执行全面质量管理体系，降低不合格品率，减少废品；合理安排劳动力计划，降低人工成本。

第三节　装配式建筑的相关术语与评价标准

一、装配式建筑的相关术语

（一）预制混凝土构件

预制混凝土构件又称为“PC构件”，是在工厂或工地预先加工制作的建筑物或构筑物的混凝土部件。采用预制混凝土构件进行装配化施工，具有节约劳动力、克服季节影响、便于常年施工等优点。推广预制混凝土构件，是实现建筑工业化的重要途径之一。

（二）部件

部件是在工厂或现场预先生产制作完成，构成建筑结构系统的结构构件及其他构件的统称。

（三）部品

部品是由工厂生产，构成外围护系统、设备与管线系统、内装系统的建筑单一产品或复合产品组装而成的功能单元的统称。

“建筑部品”（或装修部品）一词来源于日文。在20世纪90年代初，我国建筑科研、设计机构学习借鉴日本的经验，结合我国实际，从建筑集成技术化的角度，提出了发展“建筑部品”这一概念。

建筑部品由建筑材料、单个产品（制品）和零配件等，通过设计并按照标准在现场或工厂组装而成，且能满足建筑中该部位规定的功能要求。建筑部品包括集成卫浴、整体屋面、复合墙体、组合门窗等。建筑部品主要由主体产品、配套产品、配套技术和专用设备四部分构成。

主体产品是指在建筑某特定部位能够发挥主要功能的产品。主体产品应具有规定的功能和较高的技术集成度，具备生产制造模数化、尺寸规格系列化、施工安装标准化的特征。

配套产品是指主体产品应用所需的配套材料、配套件。配套产品要符合主体产品的标准和模数要求，应具备接口标准化、材料设备专用化、配件产品通用化的特征。

配套技术是指主体产品和配套产品的接口技术规范和质量标准，以及产品的设计、施工、维护、服务规程和技术要求等，应满足国家标准的要求。

专用设备是指主体产品和配套产品在整体装配过程中所采用的专用工具和设备。

除具备以上四部分外，建筑部品还应在建筑功能上必须能够更加直接表达建筑物某些部位的一种或多种功能要求；内部构件与外部相连的部件具有良好的边界条件和界面接口技术；具备标准化设计、工业化生产、专业化施工和社会化供应的条件和能力。

建筑部品是建筑产品的特殊形式，建筑部品是特指针对建筑某一特定的功能部位，而建筑产品是泛指是针对建筑所需的各类材料、构件、产品和设备的统称。

（四）预制率

通常预制率是指建筑室外地坪以上的主体结构和围护结构中，预制构件部分的混凝土用量与对应部分混凝土总用量的体积比（通常适用于钢筋混凝土装配式建筑）。其中，预制构件一般包括墙体（剪力墙、外挂墙板）、柱、梁、楼板、楼梯、空调板、阳台板等。

《工业化建筑评价标准》（GB/T 51129—2015）给出的定义是工业化建筑室外地坪以上主体结构和围护结构中预制部分的混凝土用量与对应构件混凝土总用量的体积比。预制率的计算公式为：钢筋混凝土装配式建筑单体预制率$=\frac{\text{预制部分混凝土体积}}{\text{全部混凝土体积}}\times 100\%$。

（五）装配率

装配率一般是指建筑中预制构件、建筑部品的数量（或面积）占同类构件或部品总数量（或面积）的比率。

《工业化建筑评价标准》（GB/T 51129—2015）给出的定义是工业化建筑中预制构件、建筑部品的数量（或面积）占同类构件或部品总数量（或面积）的比率。装配率可以根据预制构件和建筑部品的类别，采用面积比或数量比进行计算，还可以采用长度比等方式计算。

下面将简单介绍单体建筑的构件、部品装配率和建筑单体装配率的计算方法。

1. 单体建筑的构件、部品装配率

（1）预支楼板的计算公式如下：

$$\text{预制楼板装配率}=\frac{\text{建筑单体预制楼板总面积}}{\text{建筑单体全部楼板总面积}}\times 100\%$$

（2）预制空调板的计算公式如下：

$$\text{预制空调板装配率}=\frac{\text{建筑单体预制空调板构件总数量}}{\text{建筑单体全部空调板总数量}}\times 100\%$$

（3）集成式卫生间的计算公式如下：

$$\text{集成式卫生间装配率}=\frac{\text{建筑单体集成式卫生间的总数量}}{\text{建筑单体全部卫生间的总数量}}\times 100\%$$

2. 建筑单体装配率

建筑单体装配率=建筑单体预制率+部品装配率+其他。

（1）建筑单体预制率主要指预制剪力墙、预制外挂墙板、预制叠合楼板（叠合板）、预制楼梯等主体结构和围护结构的预制率。

（2）部品装配率是按照单一部品或内容的数量比或面积比等计算方法进行计算的，比如预制内隔墙、全装修、整体厨房等非结构体系部品或内容的装配率。

（3）其他包括：结构与保温一体化、墙体与窗框一体化、集成式墙体、集成式楼板、组合成形钢筋制品、定型模板。

二、装配式建筑的评价标准

2017 年底，中华人民共和国住建部发布了《装配式建筑评价标准》（以下简称《标准》）（GB/T 51129—2017），自 2018 年 2 月 1 日起实施，《标准》将装配式建筑作为最终产品，根据系统性的指标体系进行综合打分，把装配式率作为考量标准，不以单一指标衡量。《标准》设置了基础性指标，可以简便快捷地判断一栋建筑是否是装配式建筑。

（一）认定评价标准

装配式建筑应同时满足下列要求：

第一，主体结构部分的评价分值不低于 20 分；

第二，围护墙和内隔墙部分的评价分值不低于 10 分；

第三，采用全装修；

第四，装配率不低于 50％。

以上四项是装配式建筑的控制项，即准入门槛，缺一不可。满足了以上四项要求，即评价为装配式建筑。

本条明确了目前装配式建筑引导的重点是非砌筑的新型建筑墙体和全装修；装配式混凝土建明主体结构构件的装配比例是本《标准》编制过程中争论的焦点，经过了一年多深入的调研和讨论最终采用了主体结构构件自主选择的方式，即可选择水平构件装配，也可选择水平+竖向构件装配，体现了立足当前实际的编制原则，满足了各地区发展的不均衡性和实际发展的需求。

（二）建筑评价等级

当评价项目满足认定评价标准，且主体结构竖向构件中预制部品部件的应用比例不低于 35％时，可进行装配式建筑等级评价。

装配式建筑评价等级划分为 A 级、AA 级、AAA 级，并应符合下列规定：

第一，装配率为 60％～75％时，评价为 A 级装配式建筑；

第二，装配率为 76％～90％时，评价为 AA 级装配式建筑；

第三，装配率为 91％及以上时，评价为 AAA 级装配式建筑。

将 A 级装配式建筑的评价分值确定为 60 分；在装配式结构、功能性部品部件或装配化装修等某一个方面做到较完整时，评价分值可以达到 75 分以上，评价为 AA 级装配式建筑；将装配式结构、功能性部品部件和装配化装修等均做到体系化综合运用，并完成较好的项目，评价分值可以达到 90 分以上，评价为 AAA 级装配式建筑。

第二章　装配式建筑设计分析

第一节　装配式建筑设计的理念

“当前我国的社会发展水平不断提高，建筑行业进步明显，与此同时，人们对于建筑设计也提出了更高的要求。”① 装配式建筑是建造方式的重大变革。传统建筑方式中，建筑现场常常需要大量的人力和物力投入，施工周期长且容易受到天气等因素的影响，同时还存在着浪费和质量难以保证的问题。而装配式建造方式的引入，通过将建筑的各个部分在工厂中预制、在现场进行组装，实现了建筑过程的工业化、标准化和模块化，能够极大地提高施工效率和质量。

装配式建造方式具有工业制造的特征，因此需要建立以建筑为最终产品的系统工程理念。这意味着需要运用工业化的设计思维和方法来进行建筑的规划、设计和施工管理。通过建筑师对整个建造过程的全面掌控，从设计阶段开始就考虑到装配式建造的要求，将设计、制造、运输和施工等环节进行有效的协调和优化，以实现建筑工程的标准化、一体化、工业化和高度组织化。

发展装配式建筑不仅是一场建造方式的大变革，也是生产方式的革新。装配式建筑的引入，将建筑业从传统的手工施工转变为工业化生产，提高了生产效率和产品质量，降低了成本和资源消耗。同时，装配式建造方式也有助于推动建筑业的数字化和智能化发展，通过运用先进的技术和信息化手段，实现建筑过程的数字化管理和优化，提高建筑工程的可持续性和竞争力。

对我国建筑业而言，发展装配式建筑是转型和创新发展的必由之路。随着城市化进程的加快和人口增长的压力，传统建筑方式已经难以满足快速、高效和可持续发展的需求。装配式建筑的引入，有助于解决建筑供需矛盾，提高城市建设的质量和效益。同时，装配式建筑还可以促进建筑业与其他产业的深度融合，推动相关产业链的升级和发展。

---

① 聂丹，杜雪萍．浅析装配式建筑设计［J］．中国新技术新产品，2018（13）：88.

一、装配式建筑系统设计理念的原则

系统工程理论是装配式建筑设计的基本理论。在装配式建筑设计过程中，必须建立整体性设计的方法，采用系统集成的设计理念与工作模式。系统设计应遵循以下四条原则。

（一）建立一体化、工业化的系统方法

建立一体化、工业化的系统方法是实现装配式建筑设计的重要环节。在装配式建筑设计开始时，需要进行总体技术策划，确定整体技术方案，以确保设计的系统性和一致性。这涉及对建筑项目的整体规划和目标的明确，同时应考虑到装配式建造的要求和限制。

在总体技术策划的基础上，进行具体设计。具体设计分为两个层面：①建筑系统的总体设计包括建筑结构、外立面、内部空间布局等方面的设计，旨在确定建筑的整体框架和基本特征。这需要考虑到装配式建筑的要求，如模块化设计、构件标准化等，以便实现装配式建筑的工业化生产和组装。②在建筑系统总体设计的基础上，进行各子系统的具体分部设计。这涉及建筑的各个组成部分，如电气系统、供水系统、暖通系统等。在设计过程中，需要将装配式建筑的要求与各个子系统的功能和性能需求相结合，确保各个子系统在装配和使用过程中的协调和一致。

在系统设计过程中，需要运用工业化的设计思维和方法。这包括对建筑的模块化和标准化设计，使得不同部件和系统可以相互匹配和组装；运用先进的技术和工具，如建筑信息模型（BIM）、虚拟现实（VR）等，辅助设计和协调各个设计环节；考虑到生产效率和质量控制的要求，优化设计方案，提高建筑的工业化生产能力。

此外，在系统设计过程中，还应注重与其他设计团队和施工团队的协作和沟通。装配式建筑设计是一个涉及多个专业和环节的综合性工作，需要与结构设计师、设备设计师、施工管理团队等进行紧密的合作，确保设计方案的实施和施工过程的顺利进行。

（二）建立多专业的协同设计

建立多专业的协同设计是装配式建筑设计的关键要素之一。装配式建筑设计需要实现各专业系统之间的协同、融合、集成和创新，以确保整体设计的一体化和高效性。

第一，综合规划与设计。在装配式建筑设计的初期阶段，各专业团队应共同进行综合规划与设计，明确设计目标、需求和限制。通过充分的沟通和协商，确定各专业系统的布局、集成方式和关键参数，确保设计方案的一体化和协同性。

第二，并行设计与集成。在设计过程中，各专业团队应采用并行设计的方式，同时进行各自专业的设计工作，并及时进行交流和协调。通过定期的协调会议、工作坊等形式，确保各专业设计在时间和空间上的集成，避免后期的设计冲突和调整。

第三，设计评审与优化。在多专业协同设计过程中，应定期进行设计评审，各专业团队共同参与，对设计方案进行综合评估和优化。通过深入的讨论和分析，解决设计中的问题，提出优化方案，确保各专业系统之间的协调和一致。

第四，创新技术与方法应用。多专业协同设计需要借助创新的技术和方法，提高设计效率和质量。

通过建立多专业的协同设计机制，装配式建筑设计能够实现各专业系统之间的紧密配合和高效协作，确保设计方案的一体化集成和综合性能优化。这不仅可以提高装配式建筑的质量和效率，还能推动建筑行业的转型和创新发展。

（三）以整体最优化为设计目标

以整体最优化为设计目标是装配式建筑设计中的重要原则之一。在设计过程中，应综合考虑各专业系统的相互影响，通过信息化手段构建系统模型，并进行分析和优化，以实现整体高效率和效益最大化。

第一，需要建立一个综合的系统模型，将各专业系统的参数、约束和目标进行整合，形成一个全面的设计框架。这可以通过建筑信息模型（BIM）等信息化工具来实现，将各专业的设计信息集成到一个统一的模型中，形成多专业协同设计的基础。

第二，通过对系统模型进行分析和优化，可以通过模拟和仿真等方法评估不同设计方案的性能和效果。在优化过程中，需要考虑各专业系统之间的协同作用，找到最佳的系统结构和功能配置，以提高整体效率和效益。

第三，在整体最优化的过程中，还需要考虑到建筑的可持续性和环境影响。例如，通过优化建筑的能耗、资源利用和环境适应性，实现能源节约和环境保护的目标。这可以通过能源模拟和评估工具，以及可持续设计准则的应用来实现。

第四，整体最优化还可以涉及成本和时间等因素的考虑。通过综合分析设计方案的成本和施工周期，可以找到最经济和高效的解决方案。这可以通过建立成本模型和施工进度计划等工具来实现。

通过以整体最优化为设计目标，装配式建筑设计可以实现各专业系统之间的协同优化，最大程度地提高整体效率和效益。这不仅可以提高建筑的质量和性能，还可以节约资源、减少能耗，并促进可持续发展的目标实现。

（四）采用标准化设计方法

采用标准化设计方法是装配式建筑设计的重要手段之一。通过建立建筑部品和单元的标准化模数模块、统一的技术接口和规则，可以实现装配式建筑的平面标准化、立面标准化、构件标准化和部品标准化，从而提高设计效率、降低成本并加快施工速度。

通过采用标准化设计方法，装配式建筑可以实现设计的规范化、模块化和工业化。标准化设计能够提高设计效率，降低设计风险，增加设计的灵活性和可重复性。同时，它还有利于装配式构件的生产、运输和安装，推动装配式建筑的发展并促进建筑行业的转型和创新。

二、装配式建筑的系统构成与分类

按照装配式建筑的设计理念，需要对装配式建筑进行全方位、全过程、全专业的系统化研究和实践。可以把装配式建筑看作一个由若干子系统集成的复杂系统。

装配式建筑系统主要包括主体结构系统、外围护系统、内装系统、设备与管线系统四大系统。

（一）主体结构系统

在装配式建筑中，主体结构系统可以根据具体需求和项目特点，选用不同材料的装配式结构系统。

1. 装配式混凝土

装配式混凝土结构是一种常见且广泛应用的装配式建筑结构系统。它采用预制混凝土构件，通过精确的加工和模具制造，实现装配式构件的准确组装和安装。装配式混凝土结构具有高强度、耐久性和抗震性，能够满足各种建筑需求，施工效率高，便于进行质量控制。

2. 装配式钢结构是

装配式钢结构是另一种常用的装配式建筑结构系统。它采用预制钢构件，经过加工和制造后，通过螺栓连接或焊接的方式进行装配。装配式钢结构具有高强度、轻量化、可重复使用等优势，适用于大跨度和高层建筑，具备施工快速和布局灵活的特点。

3. 装配式木结构

装配式木结构是一种环保和可持续发展的建筑结构系统。它采用木材构件进行预制和装配，通过精确的加工和拼接，形成整体的结构体系。装配式木结构具有轻质、抗震性能好、施工速度快等优势，适用于住宅、别墅和休闲建筑等，可以创造温暖和自然的居住氛围。

4. 装配式组合结构

装配式组合结构是将不同材料的装配式构件进行组合，形成多材料的结构系统。例如，将装配式混凝土结构和装配式钢结构进行组合，以充分发挥各自的优势和特点。装配式组合结构具有灵活性和多样性，能够满足特殊设计需求和功能要求。

选择适当的主体结构系统需要综合考虑项目需求、材料特性、工期要求、经济性以及环境影响等因素。通过合理的设计和精准的制造，装配式建筑的主体结构系统能够实现快速、高效、可持续的建设，为人们创造出更舒适、安全和美观的居住和工作空间。

（二）外围护系统

装配式建筑的外围护系统是保护建筑结构和室内环境的重要组成部分，它包括屋面子系统、外墙子系统、外门窗子系统和外装饰子系统等。其中，外墙子系统在装配式建筑中具有重要的功能和多样的形式。根据材料与构造的不同，外围护系统可分为以下四种主要类型。

1. 幕墙类

幕墙是一种采用轻质材料（如铝合金、玻璃等）构成的外墙系统。它通过预制的幕墙板材进行装配，并利用特殊的支撑结构和连接件固定在建筑的主体结构上。幕墙类外墙子系统具有外观精美、透光性好、保温隔热性能优秀等特点，广泛应用于高层建筑和商业建筑。

2. 外墙挂板类

外墙挂板类是利用预制的装饰板材进行外墙装饰的系统。它通过在建筑主体结构上安装挂板支架，并将装饰板材固定在支架上完成装配。外墙挂板类外墙子系统可以采用不同材料，如金属板、石材板、陶瓷板等，具有良好的装饰效果和较高的耐候性能。

3. 组合钢（木）骨架类

组合钢（木）骨架类外墙子系统采用钢结构或木结构作为主要承载构件，通过组装和连接构件完成外墙的搭建。它具有结构强度高、施工速度快、可重复利用等优势，适用于中小跨度建筑和临时建筑。

4. “三明治”外墙类

“三明治”外墙类外墙子系统由两层外墙板材及夹层填充保温材料构成，形成一种具有保温隔热功能的结构。它通过预制的外墙板材和保温材料进行装配，可有效提高建筑的能源效益和环境舒适性。

这些外墙子系统在装配式建筑中应用广泛，通过标准化的设计和制造，能够实现高质量装配和快速施工。它们不仅满足建筑外观的要求，还具备保温隔热、防水防潮、抗风抗震等功能，为装配式建筑提供了可靠的外围护保护和美观的外观效果。

（三）内装系统

装配式建筑的内装系统是指用于室内装饰和功能布置的一系列子系统，包括集成楼地面子系统、集成隔墙子系统、集成吊顶子系统、集成厨房子系统、集成卫浴子系统、集成收纳子系统、内装门窗子系统和内装管线子系统等。这些子系统的功能各不相同，但共同构成了装配式建筑内部的舒适、实用和美观的空间。

1. 集成楼地面子系统

集成楼地面子系统包括地板、地毯、地砖等材料，通过预制和装配的方式安装在建筑室内地面上。它具有防水、耐磨、易清洁等特点，提供舒适的踏脚感和较好的装饰效果。

2. 集成隔墙子系统

集成隔墙子系统是用于划分室内空间的墙体系统，采用预制的隔墙板材进行装配，可以灵活分隔房间，并提供较好的隔音功能。

3. 集成吊顶子系统

集成吊顶子系统包括吊顶板、灯具等材料，通过预制和装配的方式安装在室内顶部，起到遮挡管线、增加照明和美化空间的作用。

4. 集成厨房子系统

集成厨房子系统是预制的厨房模块，包括橱柜、水槽、厨具等设备，通过装配的方式实现室内厨房的功能布置。

5. 集成卫浴子系统

集成卫浴子系统是预制的卫浴模块，包括洗手盆、马桶、淋浴等设备，通过装配的方式实现室内卫生间的功能布置。

6. 集成收纳子系统

集成收纳子系统包括衣柜、储物柜等设备，通过预制和装配的方式提供室内物品的存储空间。

7. 内装门窗子系统

内装门窗子系统是预制的门窗模块，包括室内门、窗户等，通过装配的方式提供室内通风、采光和隔音的功能。

8. 内装管线子系统

内装管线子系统包括水、电、气等管线设备，通过预制和装配的方式提供室内的供水、供电、供气等基础设施。

内装子系统的采用可以提高装配式建筑的施工效率、施工质量和一致性，并为用户提供舒适、功能完备的室内环境。同时，内装系统的标准化设计和装配化施工也为装配式建筑的快速建设和灵活布局提供了可靠的支持。

（四）设备与管线系统

设备与管线系统主要包括给排水子系统、暖通空调子系统、强电子系统、弱电子系统、消防子系统等，按照装配式的发展思路，设备与管线系统的装配化应着重发展模块化的集成设备系统和装配式管线系统。

综上所述，装配式建筑涉及规划设计、生产制造、施工安装、运营维护等阶段，需要全面统筹设计方法、技术手段、经济选型，不断推广设计理念。

第二节　装配式建筑设计的流程

一、技术策划

技术策划是指在项目规划审批立项前，对项目定位、技术路线、成本控制、效率目标等进行要求；对项目所在区域的构件生产能力、施工装配能力、现场运输与吊装条件等进行技术评估。技术策划是把建设、设计的初步设想转换成定义明确、目标明确、要求清晰的技术实施方案的过程，回答“建什么”和“怎么建”的问题，从而为项目的决策和实施提供全面、完整、系统性的计划和依据。

技术策划是装配式建筑建造过程中必不可少的部分，也是与一般建筑设计相比差异最大的内容之一。在以往的实践中，对此重视不足导致了建设过程中出现的许多问题难以解决。技术策划应当在设计的前期进行，主要是为了选择一个最优的方案，用于指导建造过程。所以，技术策划可以说是装配式建筑的建设指南。

装配式混凝土建筑的建造是一个系统性的工程，相对于传统施工方式而言，建设流程更全面、更精细、更综合，约束条件更多、更复杂。为了实现提高生产效率、提高施工质量、减少人工作业、减少环境污染的目标，应尽量减少现场湿法作业，构件也应在工厂按计划预制并运输到现场、短时间存放后即进行吊装施工。

因此，装配整体式混凝土结构实施方案的经济性和合理性，生产组织和施工组织的计划性，设计、生产、运输、存放和安装等各工序的衔接性和协同性等，相对传统的建造方式，更为重要。好的技术策划能有效控制成本、提高效率、保证质量，能充分体现装配整体式混凝土结构的工厂化优势。

设计单位应充分考虑项目定位、建设规模、装配化目标、成本限额以及各种外部条件影响因素。应制订合理的建筑概念方案，提高预制构件的标准化程度，并与建设单位共同确定技术实施方案，为后续的设计工作提供设计依据。

技术策划的总体目标是在满足工程项目的建筑功能、安全适用、经济合理和外形美观的前提下，实现经济效益、环境效益和社会效益最大化。技术策划应以保障安全、提高质量、提升效率为原则，通过综合分析和比较，确定适宜的建设标准和可行的技术配置。

装配式建筑在项目前期的技术策划阶段，应对规划设计、部品生产和施工建造各环节进行统筹安排，使建筑、结构、内装修、机电、经济、构件生产等环节密切配合、协同工作及全过程参与，也应对技术选型、技术经济可行性和可建造性进行评估。设计单位应充分考虑项目定位、建设规模、装配化目标、成本额度以及各种外部条件影响因素，制定合理的建筑设计方案，提高预制构件的标准化程度，并与建设单位共同确定技术实施方案，如确定项目的装配式建造目标、结构选型、围护结构选型、集成技术配置等，为后续的设计工作提供设计依据。

二、方案设计

方案设计步骤如下。

项目评估：开始前，对项目进行全面评估，包括项目的规模、预算、时间要求等。确定哪些部分适合预制，哪些部分必须在现场施工。

结构设计：采用适合预制的结构设计。简化结构并尽量减少需要在现场进行定制的元素，考虑使用标准化的构件，以便在工厂中进行批量生产，提高生产效率。

材料选择：选择适合预制的材料，确保其在工厂环境下易于加工和组装，多考虑使用轻质、高强度和耐久的材料。

工厂生产：设计适合工厂生产流程的构件。考虑材料的运输和搬运，确保在工厂中能够高效生产出高质量的构件。

连接方式：设计简单、可靠的连接方式，以确保在现场组装时能够快速而准确地连接构件。多考虑使用标准化的连接件，减少定制件的使用。

施工计划：制定详细的施工计划，确保现场组装过程中的各个步骤有序进行。考虑到装配式建筑的快速性，确保施工过程中各个环节能够紧密协调。

质量控制：在工厂生产和现场组装过程中实施严格的质量控制措施，确保每个构件的质量符合要求，包括材料检查、尺寸检测、连接强度测试等。

可持续性考虑：在方案设计中考虑可持续性因素，多选择可回收材料，优化能源效率，减少废弃物等，以降低对环境的影响。

安全考虑：在设计过程中考虑施工和使用阶段的安全性。确保工人在现场组装过程中有充分的安全措施，并设计建筑以满足相关的安全标准。

合作伙伴选择：选择经验丰富、专业的装配式建筑生产商和施工团队，确保他们具备在这一领域完成项目的成功经验。

三、施工图设计

模块化设计：装配式建筑通常采用模块化的设计，因此在施工图中需要清晰地标明各个模块的尺寸、连接方式和位置，有助于在工厂中进行精确制造，并在现场迅速组装。

构件连接和细节：在施工图中，需要详细描述构件之间的连接方式、连接件的规格和使用方法，有助于确保组装过程中的准确性和稳定性。

运输和搭建顺序：由于装配式建筑通常在工厂中预制完成后运送到现场进行组装，因此施工图中应包含适当的运输细节和组装顺序，确保现场施工高效、顺利。

材料规格：清晰地标明使用的材料种类、规格和质量标准，以确保工厂生产的构件符合设计要求。

施工工艺和标准：描述每个施工阶段的工艺流程和相关标准，确保在工地上按照设计规范进行施工。

现场组装指导：应在施工图中提供现场组装的指导，包括工人所需的工具、设备和安装步骤，以确保施工的高效、高质。

四、部品、部件深化设计

部品、部件深化设计是装配式建筑设计独有的设计阶段，其主要作用是将建筑各系统的结构构件、内装部品、设备和管线部件以及外围护系统部件进行深化设计，完成能够指导工厂生产和施工安装的部品、部件深化设计图纸和加工图纸。

目前，国内外围护系统中的幕墙设计相对比较成熟，形成了专业幕墙设计单位和幕墙生产厂家共同提供的深化设计服务。以湿法作业为主的传统装修也有比较成熟的设计服务。而结构构件的深化设计、装配式内装的深化设计、设备和管线装配化加工和安装的深化设计还处于起步阶段，尤其是结构构件的深化设计，具备设计能力的单位不多，做得好的更少，这也是制约装配式建筑发展的一个瓶颈。

部品、部件和预制构件的深化设计，使装配式建筑设计区别于一般建筑设计，具有高度工业化的特征，更加接近工业产品的设计，因而具有制造业特征。要想做好深化设计，必须了解部品、部件和预制构件的加工工艺、生产流程、运输、安装等各环节的要求。大力提高深化设计的能力、培养深化设计的专门人才是装配式建筑发展的紧要任务，任重而道远。

在部品、部件深化设计之后，部品、部件生产企业还应根据深化设计文件，进行生产加工的设计，主要根据生产和施工的要求，进行放样、预留、预埋等加工前的生产设计。

五、生产加工设计

在部品、部件深化设计之后，部品、部件生产企业还应根据深化设计文件进行生产加工的设计。这一阶段的设计主要根据生产和施工的要求，进行放样、预留、预埋等加工前的生产设计。

首先，放样是生产加工的重要环节之一。根据深化设计文件，生产企业需要对部品、部件的尺寸、形状等进行准确的测量和标记，以便后续的加工工作能够按照设计要求进行。放样的准确性直接影响到部品、部件的质量和性能，因此生产企业需要配备专业的测量工具和技术人员，确保放样过程的准确性和可靠性。

其次，预留是生产加工中的另一个重要环节。根据深化设计文件，生产企业需要在部品、部件上预留出安装、连接、固定等所需的孔洞、槽口或凸起等结构。预留的合理性和准确性对于部品、部件的安装和使用至关重要。生产企业需要根据设计要求，合理选择预留位置和尺寸，并采用合适的加工工艺进行预留操作，以确保预留结构的质量和稳定性。

最后，预埋是生产加工中的一项重要任务。根据深化设计文件，生产企业需要在部品、部件的内部或表面预埋入各种元件、器件或管道等。预埋的目的是实现部品、部件的功能和性能要求，同时提高其整体的美观性和可靠性。生产企业需要根据设计要求，选择合适的预埋方式和工艺，确保预埋元件的准确安装和稳固固定。

第三节　装配式建筑设计的方法

装配式建筑设计必须符合有关政策、法规及标准的规定，在满足建筑使用功能和性能的前提下，采用模数化、标准化、集成化的协同设计方法，践行少规格、多组合的设计原则，对建筑的各种构（配）件、部品、构造及连接技术进行标准化设计与模块化组合，建立可行、合理、可靠的建筑技术通用体系，实现建筑的装配化建造。

一、装配式建筑模数化设计

装配式混凝土建筑应模数协调，采用模块组合的标准化设计，集成主体结构系统、外围护系统、设备与管线系统和内装系统，协同设计建筑、结构、给水排水、暖通空调、电气、智能化和燃气等专业。建立信息化协同平台，采用标准化的功能模块，部品、部件等信息库，统一编码、统一规则，全专业共享数据信息，实现对建设全过程的管理和控制。装配式混凝土建筑应满足建筑全生命周期的使用维护要求，宜采用管线分离的方式。装配式混凝土建筑应满足国家现行标准的防火、防水、保温、隔热及隔声等要求。

模数和模数协调是建筑工业化的基础，应用于建造过程的各个环节，在装配式建筑中尤其重要。没有模数和模数协调，就不可能实现标准化。模数不仅用于协调结构构件与构件之间、建筑部品与部品之间以及预制构件与部品之间的尺寸关系，还有助于在预制构件的构成要素（如钢筋网、预埋管线、点位等）之间形成合理的空间关系，避免交叉和碰撞。模数协调可以优化部品、部件的尺寸，使设计、制造、安装等环节的配合趋于简单、精确，使土建、机电设备和装修的“一体化集成”和装修部品、部件的工厂化制造成为可能。

（一）基本概念

1. 基本模数

基本模数是模数协调中的基本尺寸单位，用“M”表示。目前，世界各国均采用

100 mm 为基本模数，即 1M = 100 mm（注意：此处的 M 为建筑基本模数的符号，并非长度单位中的米）。整个建筑物、建筑物的一部分以及建筑部件的模数化尺寸，应是基本模数的倍数。

2. 扩大模数

扩大模数是基本模数的整数倍数。我国《建筑模数协调标准》规定扩大模数基数应为 2M（200 mm）、3M（300 mm）、6M（600 mm），9M（900 mm）、12M（1200 mm）、15M（1500 mm）、30M（3000 mm），60M（6000 mm），但 3M 模数不作为主推的模数系列。

3. 分模数

分模数是基本模数的分数值，一般为整数分数。我国《建筑模数协调标准》规定分模数基数应为 M/10（10 mm）、M/5（20 mm）、M/2（50 mm）。

扩大模数和分模数统称为导出模数，是装配式建筑设计、施工过程中的重要概念。

4. 模数数列

模数数列是以基本模数、扩大模数、分模数为基础，扩展成的系列尺寸。

模数数列应根据功能性和经济性原则确定。建筑物的开间或柱距，进深或跨度，梁、板、隔墙和门窗洞口宽度等分部件的截面尺寸宜采用水平基本模数和水平扩大模数数列。

建筑物的高度、层高和门窗洞口高度等宜采用竖向基本模数和竖向扩大模数数列。

5. 模数协调

模数协调是应用模数实现尺寸协调及安装位置的方法和过程。

6. 模数网格

模数网格用于部件定位的，是正交或斜交的平行基准线（面）构成的平面或空间网格，且基准线（面）之间的距离符合模数协调要求。

（二）模数协调

模数协调工作是各行各业生产活动最基本的技术工作。遵循模数协调原则，全面实现尺寸配合，可保证房屋建设过程中，在功能、技术和经济等方面获得优化，促进房屋建设从粗放型生产转化为集约型社会化协作生产。模数协调有两层含义：①尺寸和安装位置各自的模数协调；②尺寸与安装位置之间的模数协调。

建筑部件实现通用性和互换性是模数协调的最基本原则，就是把部件规格化、通用化，使部件适用于常规的建筑，并能满足各种需求，使部件规格化又不限制设计自由。这样，该部件就可以进行大量定型的规模化生产，稳定质量，降低成本。通用部件使部件具有互换能力，互换时不受其材料、外形或生产方式的影响，可促进市场竞争和部件生产水平提高，适合工业化大生产，简化施工现场作业。

部件的互换性有多种，包括年限互换、材料互换、样式互换、安装互换等，实现的主要条件是确定部件的尺寸和边界条件，使安装部位和被安装部位达到尺寸间的配合。

建筑的模数协调工作涉及各行各业，涉及多种部件。因此，需要各方面共同遵守各项协调原则，制定各种部件或分部件的协调尺寸和约束条件。目前我国多采用模数网格法。

不论是建筑的外围护系统还是内部空间，其界面大都处于二维模数网格，简称平面网格。不同的空间界面按照装配部件的不同，采用不同参数的平面网格。平面网格之间通过平、立、剖面的二维模数整合成空间模数网格。模数网格可由正交、斜交或弧线的网格基准线（面）构成。连续基准线（面）之间的距离应符合模数，不同方向连续基准线（面）之间的距离可采用非等距的模数数列。

模数网格可采用单线网格，也可采用双线网格。单线网格可用于中心线定位，也可用于界面定位；双线网格常用于界面定位。模数网格的选用应符合两项规定：①结构网格宜采用扩大模数网格；②装修网格宜采用基本模数网格或分模数网格。隔墙、固定橱柜、设备、管井等部件宜采用基本模数网格，构造做法、接口、填充件等分部件宜采用分模数网格。

模数协调主要是为了确定建筑物拆分后部件的尺寸。设计人员关心部件的标志尺寸，需要根据部件的基准面来确定。制造业者关心部件的制作，必须保证制作尺寸符合基本公差的要求。承建商则关注部件的实际尺寸，以保证部件之间的安装协调。

实施模数协调的工作是一个渐进的过程，成熟、重要、影响较大的部位可先期运行，如厨房、卫生间、楼梯间等。重要的部件和分部件，如门窗等，应优先推行规格化、通用化，其他部位、部件和分部件可以在条件成熟后再予推行。

二、装配式建筑的标准化设计

标准化是规模化的基础，没有标准化就无法实现规模化的高效生产。同理，设计的标准化也是实现装配式建筑目标的起点。标准化设计，可以解决设计质量参差不齐的问题，“可以保证设计质量，进而提高工程质量，减少重复劳动，加快设计速度，更有利于采用和推广新技术，降低造价，提高经济效益。”[①] 装配式建筑具有运用新技术的天然场景，标准化设计有利于大规模推广新技术。在各个产业链条上推行标准化设计，可促使构配件

① 武琳，李忠秋．基于BIM技术的装配式建筑标准化设计与节能降耗路径研究［J］．砖瓦，2022（8）：52.

生产工厂化、装配化和施工机械化，提高生产效率，从而节约建设材料，降低工程造价，提高经济效益。

标准化设计的核心是建立标准化的预制构件通用体系产品目录。设计人员应在建筑设计初期，选择标准化构件库中的标准化模块的预制混凝土构件进行组合，建立标准化的户型单元，实现建造过程中标准构件的重复使用。标准化设计从项目设计到构件生产，再到施工工艺，形成一条完整的流水线，充分体现了装配式住宅标准化、结构合理化、体型规整、重复率高的特点。

标准化设计首先要坚持少规格、多组合的原则。少规格的目的是提高生产效率，降低工程复杂程度，降低管理难度，降低模具的成本，为专业之间、企业之间的协作提供较好的基础。多组合是为了提升适应性，以少量的部品、部件组合形成多样化的产品，以满足不同的使用需求。

装配式建筑标准化设计的基本原则是坚持建筑、结构、机电、内装一体化和设计、加工、装配一体化，即从模数统一、模块协同，各专业一体化考虑，实现平面标准化、立面标准化、构件标准化和部品标准化。通过建筑平面元素，例如在标准化模数和规则下的标准化户型、模块、通用接口等的不同组合，实现建筑平面和户型功能化空间的丰富效果，满足节约用地和用户使用需求，形成以有限模块实现无限生长的设计效果。

标准化设计应以构件的少规格、多组合和建筑部品的模块化和精细化为落脚点。

（一）标准化设计方法

1. 部品标准化

部品、部件的标准化设计主要指采用标准的部件、构件产品，形成具有一定功能的建筑系统，如储藏系统、整体浴室、地板系统等。结构构件中的墙板、梁、柱、楼板、楼梯、隔墙板等，也可以做成标准化的产品，在工厂内进行规模化生产，然后应用于不同的建筑楼栋。

2. 功能模块标准化

住宅、办公楼、公寓、酒店、学校等建筑中许多房间的功能、尺度相同或相似，如住宅厨房、住宅卫生间、教学楼卫生间、酒店卫生间等，这些功能模块适合采用标准化设计。

3. 楼栋单元标准化

许多建筑具有相同或相似的体量和功能，可以对建筑楼栋或组成楼栋的单元采用标准化设计。住宅楼、教学楼、宿舍、办公楼、酒店公寓等建筑物，大多具有相同或相似的体量、功能，采用标准化设计可以大大提高设计的质量和效率，有利于规模化生产，合理控制建筑成本。

部品、部件标准化是部件、构件标准化的集成；功能模块标准化是部品、部件标准化的进一步集成；楼栋单元标准化是更大尺度的模块集成，适用规模较大的建筑群体。

（二）标准化设计内容

装配式建筑的部品、部件及其连接应采用标准化、系列化的设计方法，主要包括以下三项：

一、尺寸的标准化；

二、规格系列的标准化；

三、构造、连接节点和接口的标准化。

装配式建筑标准化设计应贯穿工程建造的全过程、全系统。

在建设的不同时期，标准化的侧重点和目标各有差异：①方案设计阶段的标准化设计应着重于建筑功能的标准化和功能模块的标准化，确定标准化的适用范围、内容、美化指标和实施方案；②初步设计阶段的标准化设计应着眼于建筑单体或功能模块标准化，就建筑结构、围护结构、室内装修和机电系统的标准化设计提出技术方案，并进行量化评估；③施工图阶段的标准化设计应着重优化建筑材料、做法、工艺、设备、管线，对构件、部品的标准化进行量化评价，并进行成本优化；④构件、部品加工的标准化设计应着重提高材料利用率，提高构件、部品的质量，提高生产效率，控制生产成本；⑤施工装配的标准化设计应着重保证施工质量、提高施工效率、保障建筑安全。

从装配式建筑全系统看，标准化设计内容主要包括平面、立面、构件和部品四个方面的标准化设计。其中，建筑平面标准化是实现其他标准化的基础和前提条件。

建筑平面标准化通过平面划分，形成若干标准化的模块单元（简称标准模块，如厨房模块、阳台模块、客厅模块、卧室模块等），然后将标准模块组合成各种各样的建筑平面，以满足建筑的使用需求。建筑平面标准化组合实现各种功能的户型，多样化的模块将若干标准平面组合成建筑楼栋。

建筑立面标准化通过组合实现立面多样化。建筑立面是由若干立面要素组成的多维集合，利用每个预制墙所特有的材料属性，通过层次和比例关系表达建筑立面的效果。装配式建筑的立面设计，要分析各构成要素的关系，按照比例变化形成一定的秩序关系，从而确定立面的划分，建筑也就自然成形了。在立面设计中，材料与构件的特性往往是设计出发点，也是建筑形式表达的重要手段。传统印象中，人们认为建筑立面标准化会造成建筑立面形式单调。但是，采用合适的立面标准设计及组合方式，即能克服这一缺点，实现建筑立面的多样化表现。

构件标准化设计，首先应建立标准化构件库，到了技术设计环节，就可以从标准化构件库中选取真实的构件产品进行设计。在方案修改时，只需替换相应的构件，不改变构件之间根本性的逻辑关系，不仅能够使建筑设计和建造流程更加标准化、理性化、科学化，减少各专业内部、专业之间因沟通问题导致的“错、漏、碰、缺”，提升工作效率和设计品质，还能优化房屋的设计、生产、建造、维修、拆除等流程。

部品标准化使生产、施工高效便捷。建筑部品标准化通过集成设计，用功能部品组合成若干小模块，多个小模块再组合成大模块。小模块划分主要以功能单一部品、部件为原则，并以部品模数为基本单位，采用界面定位法确定装修完成后的净尺寸。部品、小模块、大模块以及结构整体间的尺寸协调通过“模数中断区”实现。

三、装配式建筑的集成

装配式混凝土结构、轻钢结构和木结构的国家标准都强调了装配式建筑的集成化。集成化即一体化，集成化设计即一体化设计，在装配式建筑设计中，特指主体结构系统、外围护系统、设备与管线系统和内装系统的一体化设计。

集成化是很宽泛的概念，或者说是一种设计思维方法，包含不同的类型。系统集成应根据材料特点、制造工艺、运输能力、吊装能力等要求进行统筹考虑，旨在提高集成度、施工精度及施工效率，降低现场吊装难度。

装配式集成需要遵循以下六个原则。

（一）集成设计的总体原则

集成设计总体应遵循实用、统筹、信息化及效果跟踪的原则。集成的目的是保证和丰富功能、提高质量、减少浪费、降低成本、减少人工和缩短工期等，不能为了应付规范要求或预制率指标勉强搞集成化，也不能为了作秀搞集成化。集成化设计应进行多方案技术和经济分析比较。集成化设计中最重要的是多因素综合考虑，统筹设计，从而找到最优方案。集成设计是多专业、多环节协同设计的过程，不是一两个人能决定的，必须建立信息共享渠道和平台，应包括各专业信息共享与交流，实现设计人员与制作厂家、施工企业的信息共享与交流，这是搞好集成设计的前提。集成设计可能没有带来预期效果，设计人员应当跟踪集成设计的实现过程和使用过程，找出问题，避免重复犯错。

装配式建筑的系统集成设计在遵循集成设计总体原则的基础上，还应遵循各自的集成设计原则。

（二）主体结构系统集成设计原则

在进行主体结构系统集成设计时，部件宜尽可能复合多种功能，减少部件的规格及数量，同时应对构件的生产、运输、存放、吊装等过程中所提出的要求进行深入考虑。

（三）外围护系统的集成设计原则

在进行外围护系统集成设计时，应优先选择集成度高、构件种类少的装配式外墙系统，屋面、女儿墙、外墙板、外门窗、幕墙、阳台板、空调板、遮阳板等部件应尽量采用集成模块化设计。各外围护构件间应选用合理有效的构造措施进行连接，提高构件在使用周期内抗震、防火、防渗漏、保温、隔声及耐久方面的性能。

（四）内装系统的集成设计原则

在进行内装系统的集成设计时，应与建筑设计同步进行，采用高度集成化的厨房、卫生间及收纳等建筑部品，尽量采用管线分离的安装方式。

（五）设备与管线系统的集成设计原则

在进行设备与管线集成设计时，应统筹给排水、通风、空调、燃气、电气及智能化设备设计，选用模块化产品、标准化接口，并预留可扩展的条件，接口设计应考虑设备安装的误差，提供调整的可能性。

（六）接口及构造集成设计原则

在进行各类部品接口的集成设计时，应确保其连接的安全性，保证结构的耐久性和安全性。不同构件、部品间的接口及构造设计应重点解决防水、排水问题。

主体结构及围护结构之间采用干法连接时，宜预留缝宽的尺寸，进行相关变形的校核计算，确保接缝宽度满足结构和温度变形的要求。采用湿法连接时，应考虑接缝处的变形协调。

接口构造设计应便于施工安装及后期的运营维护，并应充分考虑生产和施工误差对安装产生的不利影响，以确定合理的公差设计值，构造节点设计应考虑部件更换的便捷性。设备管线及相关点位接口不应设置在构件边缘钢筋密集的范围，并且不宜布置在预制墙板的门窗过梁处和构件与主体结构的锚固部位。

四、装配式建筑的协同设计

协同设计，是在统一设计标准的前提下，各设计专业人员在统一平台上开展工作，以减少各专业之间（以及专业内部）由于沟通不畅或沟通不及时造成的“错、漏、碰、缺”，真正实现所有图样信息的单一性，实现一处修改、相关处同步修改，有效提升设计效率和设计质量。装配式建筑中协同设计的必要性体现在以下四个方面。

第一个方面，装配式混凝土建筑中，各专业、各环节的一些预埋件要埋设在预制构件里，如果设计出了问题，现场修改时的砸墙、凿槽工作会损害预埋件，还可能破坏混凝土保护层，造成安全隐患。

第二个方面，根据国家相关规定，装配式建筑应该先进行装修设计，再进行全装修，许多装修预埋件要在构件图中提前设计，这需要各相关专业密切协同。

第三个方面，装配式建筑要进行管线分离和同层排水，所以需要各个相关专业密切协同。

第四个方面，预制构件制作在脱模、翻转过程中需要吊点和预埋件，施工时也需要在构件中埋设预埋件，都需要在预制构件图中预告设计，一旦遗漏，很难补救。

（一）协同设计的方法

第一，协同设计的要点是各专业、各环节、各要素的统筹考虑。

第二，建立以建筑师和结构工程师为主导的设计团队，负责沟通，明确责任。

第三，建立信息交流平台，组织各专业、各环节之间的信息交流和讨论。通常可采用会议交流、微信群交流等方式。

第四，采用“叠合会图”的方式，把各专业的相关设计汇集在一张图上，以便更好地检查“碰撞”与“遗漏”。

第五，设计早期即与制作工厂和施工企业进行互动。

第六，装修设计须与建筑结构设计同期进行。

第七，使用 BIM 技术手段进行全链条信息管理。

（二）不同阶段协同设计要点

1. 方案设计阶段协同设计要点

建筑、结构、设备、装修等各专业在设计前期主要对构配件制作的经济性、设计的标准化以及吊装操作的可实施性等做相关的可行性研究，在保证使用功能的前提下，平面设计要最大限度地提高模块的重复使用率，减少部品、部件种类。立面设计要利用预制墙板的排列组合，充分发挥装配式建造的技术特点，形成立面的独特性和多样性。在各专业协同的过程中，使建筑设计符合模数化、标准化、系列化的原则，在满足使用功能的前提下，实现装配式建筑技术策划的目标。

2. 初步设计阶段协同设计要点

初步设计阶段，要对各专业的工作做进一步的细化和优化，确定建筑的外立面方案及预制墙板的设计方案，结合上述方案调整最终的立面，并考虑强弱电箱、预埋管线及开关点位在预制墙板上的位置。装修设计需要提供详细的家具设施布置图，用于配合预制构件的深化设计。初步设计阶段还要提供预制方案的“经济性评估”，分析方案的可实施性，并确定最终的技术路线。最终在此基础上，根据前期方案设计阶段的技术策划，确定满足国家和地方相关政策、标准的装配化指标。

初步设计阶段协同设计内容包括四点：①充分考虑构件运输、存放、吊装等因素对场地设计的影响；②从生产可行性、生产效率、运输效率等多方面考虑，结合吊装能力、运输能力等因素，考虑安装的安全性和施工的便捷性等，对预制构件尺寸进行优化；③从单元标准化、套型标准化、构件标准化等方面，对预制构件进行优化，实现预制构件和连接打点的标准化设计；④结合设备和内装设计，确定强弱电箱、预埋管线及开关点位的预留位置。

（三）施工图阶段协同设计要点

施工图阶段，各专业需要与构件的上下游厂商加强配合，做好深化设计，完成最终的预制构件的设计图，做好构件的预留、预埋和连接节点设计，同时增加构件尺寸控制图、墙板编号索引图和连接节点构造详图等与构件设计相关的图纸，并配合结构专业做好预制构件结构配筋设计，确保预制构件最终的图纸与建筑图纸保持一致。施工图设计阶段的协同设计要点主要包括以下四点。

①确定预制外墙板材料、保温节能材料、预制构件的厚度及连接方式。

②与门窗厂家配合，确定预制外墙板上门窗的安装方式和防水、防渗漏措施。

③现浇段射力墙长度除了满足结构计算要求外，还应符合模板施工工艺和轻质隔墙板的模数要求。

④根据内装、设备专业图纸，确定预制构件中预埋管线、预留洞口及预埋件的位置。

（四）构件深化协同设计要点

预制构件的深化设计是装配式建筑独有的设计阶段，在施工图完成之后进行。这一环节，不仅需要建筑、结构、机电、内装等专业之间的协同，也需要与生产加工企业、施工安装企业进行协同。构件深化协同设计需要注意以下三个要点。

①与建筑、结构及设备专业对接，核实预制构件中预埋管线、预留洞口及预埋件的位置、尺寸。

②与设计及审查单位对接，确定预埋件的构造措施。

③与生产企业及施工企业对接，预留、预埋吊装、安装、支撑、爬架等预埋件。

（五）室内装修协同设计要点

室内装修设计又称为“内装设计”。装配式建筑的内装设计应符合建筑、装修及部品一体化的设计要求。其中，部品设计应能满足国家现行的安全、经济、节能、环保等方面标准的要求，应高度集成化，宜采用干法施工。内装所使用的主要构件宜采用工厂化生产，非标准部分的构配件可在现场安装时统一处理。构配件须满足制造工厂化及安装装配化的要求，符合参数优化、公差配合和接口技术等相关技术要求，提高构件的通用性和可替代性。

内装设计应强化与各专业（包括建筑、结构、设备、电气等专业）之间的衔接，避免后期装修时重复工作，甚至对结构造成破坏。应对水、暖、电、气等设备、设施提前定位并确定规格，提倡采用管线与结构分离的设计方式。内装设计通过模数协调使各构件和部品与主体结构之间能够紧密结合，应提预留接口，便于装修安装。墙、地面所用块材也应提前加工，在现场可以直接安装，避免二次加工。

第三章　装配式木结构设计与施工研究

第一节　装配式木结构的结构体系分析

装配式木结构建筑是一种在工厂中预制主要木结构承重构件、木组件和部品，并通过现场安装而成的建筑形式。木组件包括柱、梁、预制墙体、预制楼盖、预制屋盖、木桁架、空间组件等。部品则是指构成外围护系统、设备与管线系统以及内装系统的单一或复合功能单元。

装配式木结构建筑通过预制和标准化的生产方式，能够提高施工效率，实现高度工程质量控制，不仅可以满足建筑物的功能需求，还可以创造舒适、健康的居住环境，同时具有良好的适应性，能满足不同的建筑需求和设计风格。装配式木结构也包括轻型木结构、胶合木结构、方木原木结构、混合结构等。

一、轻型木结构

（一）轻型木结构的基本特征

轻型木结构是一种结构体系，由规格材、木基结构板材或石膏板制作的木构架墙体、木楼盖和木屋盖系统等的全部或部分组成。采用了多种材料，包括规格材、木基结构板材、工字木形搁栅、结构复合材和各种连接件等。现代轻型木结构的构件之间主要采用钉连接，部分构件也使用金属齿板连接和专用金属连接件连接。

在施工过程中，每层楼面都被当作一个平台，上一层结构的施工作业可以在该平台上完成。这种方法的施工简便，减少了材料成本，同时还具有良好的抗震性能。

轻型木结构建筑可以在工厂预制，然后到现场安装。基本的预制单元可以是预制板式组件或预制空间组件。对于规模较大的建筑，预制单元可以更大，在工厂预制完成后运输到现场，通过吊装和拼接来完成组装。

预制单元可以包括保温材料、通风设备、水电设备和基本装饰装修等，因此其装配化程度非常高。这意味着在工厂中可以实现高度的标准化和自动化生产，从而保证了高效率和高品控。

轻型木结构建筑可以根据预制化程度的要求，实现更高的预制率和装配率，从而有效缩短施工周期，降低施工现场的噪音和污染，有利于可持续发展，减少对自然资源的消耗。

(二) 轻型木结构的设计方法

轻型木结构的性能取决于主要结构构件（骨架构件）和次要结构构件（墙面板、楼面板和屋面板）的相互作用。轻型木结构的设计方法包括工程设计法和构造设计法。

1. 工程设计法

工程设计法是一种常规的结构工程设计方法，通过计算确定结构构件的尺寸、布置和连接设计。设计的基本流程包括确定荷载类别和性质、结构布置、荷载和地震作用计算、结构内力和变形分析，以及承重构件和连接的验算，最后根据分析结果提出必要的改造措施等。这种方法侧重于全面考虑结构的各种力学和功能要求，确保结构的安全性和可靠性。

2. 构造设计法

构造设计法是一种基于经验的设计方法。对于特定条件下的房屋，可以不进行结构内力和抗侧力分析，只进行结构构件的竖向承载力分析验算。构造设计法适用于使用年限在50年以内，安全等级为二、三级的轻型木结构和上部混合木结构的抗侧力设计。这种方法可以提高施工效率，避免不必要的重复劳动。它以成功案例和实践经验为基础，简化设计流程、简化计算和验算的步骤，从而快速、有效地满足设计要求。

对于轻型木结构的设计，需要考虑以下两点：首先，要进行屋盖、楼盖和墙体的抗侧力设计，包括选取适当的结构构件和连接方式，以承受侧向力的作用；其次，要考虑楼盖、屋盖与剪力墙之间连接的有效传递荷载，包括平行和垂直方向的连接，确保结构的整体稳定性和抗侧力性能。

二、胶合木结构

（一）胶合木结构的基本特征

“胶合木是我国梁柱式、井干式木结构建筑的主要材料。”① 胶合木结构是一种重要的建筑构件，包括层板胶合木和正交胶合木两种承重构件。层板胶合木适用于单层、多层木结构建筑和大跨度的空间木结构建筑，而正交胶合木适用于墙体、楼面板和屋面板等承重构件的单层或多层木结构建筑。

胶合木结构的关键特点包括以下两点：首先，它不受天然木材尺寸限制，可以根据需求制作各种形状和尺寸的构件，为设计师能够更灵活地应对建筑设计需求提供了条件；其次，胶合木结构能有效避免或减弱天然木材的缺陷影响，提高强度设计值，增强了结构的稳定性和可靠性。

胶合木结构还具有其他优点。比如，它的构件自重较轻，具有较高的强重比。这不仅有利于提升抗震性能，还方便了运输和安装。再如，胶合木构件的尺寸和形状非常稳定，极少出现干裂和扭曲。此外，胶合木结构还具有良好的耐腐性能以及调温和调湿性能，能够适应多种环境条件。

胶合木结构的工业化生产能够利用小木材制作大构件，提高了生产效率，确保了产品质量，充分利用了资源，减少了浪费。

（二）胶合木结构的主要类型

胶合木是一种常见的木结构材料，具有优越的力学性能和结构稳定性。目前，常见的胶合木结构主要分为以下几种类型，每种类型都有其特定的优势和用途。

1. 胶合木梁柱式结构

胶合木梁柱式结构由胶合木制成的梁和柱组成，通过金属连接件连接在一起，形成一个共同受力的梁柱结构体系。为了增加抗侧刚度，通常需要在柱间加设支撑或剪力墙。这种结构适用于需要承受大荷载和提供稳定支撑的建筑，如大型工业厂房和商业建筑。

2. 正交胶合木板式结构

正交胶合木板式结构由正交胶合木制成的板式承重墙体、楼盖或屋盖构成，构件之间

---

① 陈旭，王玉荣，龚迎春，等．我国胶合木制备及增强技术研究进展［J］．木材科学与技术，2022，36（6）：24-31，74.

使用金属连接件和销钉连接。正交胶合木是一种由多层木质层板胶合而成的木制品，具有优越的力学性能，并适合工业化生产。正交胶合木板式结构的装配化程度较高，非常适合装配式木结构建筑的需求。

3. 胶合木空间结构

胶合木空间结构采用胶合木构件作为大跨空间结构的主要承重构件，包括空间木桁架、空间钢木组合桁架和空间壳体结构。胶合木空间结构适用于需要大跨度和大空间的公共建筑，如体育馆、展览馆和交通枢纽。胶合木的轻质特性和强大的承载能力使其成为这些大型结构的理想选择。

4. 胶合木拱形结构

胶合木拱形结构包括两铰拱结构和三铰拱结构。这些结构采用胶合木构件形成拱形的承重结构体系。胶合木拱形结构具有较好的抗压性能和刚度，适用于需要大跨度和优美造型外观的建筑，如桥梁和建筑物的屋盖。

5. 胶合木门架结构

胶合木门架结构包括弧形加腋门架和指接门架。胶合木构件组成的门架，为建筑物提供了坚固的支撑和美观的外观，为建筑物增添了独特的设计元素，常用于门厅、大堂等入口处。

（三）胶合木结构的设计方法

设计胶合木结构时，需要进行工程计算，并根据结构受力分析确定承重构件的截面尺寸，可参考国家相关标准和规定。胶合木空间结构的设计应采用适用的空间结构内力分析方法。连接节点通常采用钢板、螺栓或销钉，连接设计应符合国家标准要求。设计过程应确保结构的安全性和稳定性。

三、方木原木结构

（一）方木原木结构的基本特征

方木原木结构是指使用方木或原木作为主要承重构件的单层或多层建筑结构，也被称为“普通木结构”，是一种常见的木结构形式。为了根据主要木材材料对木结构承重构件进行分类，装配式木结构建筑的国家标准将普通木结构改称为“方木原木结构”。其特点是使用方木或原木作为主要构件来承受建筑的荷载和力学要求。

（二）方木原木结构的主要类型

根据方木原木结构的结构类型，方木原木结构可分为传统梁柱式结构、木框架剪力墙结构和井干式结构。

1. 传统梁柱式结构

传统梁柱式结构建筑按照传统建造技术要求，采用榫卯连接方式对梁柱等构件进行连接，包括抬梁式木结构和穿斗式木结构。榫卯连接使构件紧密结合，增加了结构的稳定性和承载能力。

2. 木框架剪力墙结构

木框架剪力墙结构在木构架上铺设木基结构板来承受水平力作用。通常使用方木或胶合原木制作构件，使用钢板、螺栓或销钉等金属连接件作为连接节点。木框架剪力墙结构通过木基结构板的铺设，提高了结构的抗震性能和承载能力，适用于需要抵御地震等水平力作用的建筑。

3. 井干式结构

井干式结构采用经过加工的方木、原木或胶合原木作为基本构件，层层叠加并交叉咬合连接，形成井字形木墙体作为主要承重体系。连接部分采用木销钉和螺栓，使用扶壁柱加强墙体的稳定性。井干式结构通过构件的交叉咬合和墙体的井字形状，提供了良好的承载性能和结构稳定性，适用于需要同时承受垂直力和水平力作用的建筑。

（三）方木原木结构的设计方法

方木原木结构使用方形截面的原木作为主要的结构元素。这种设计方法常见于木结构建筑，例如木屋、木桥等。具体设计方法如下。

结构设计：结构设计需要确定建筑物或结构的整体框架和支撑系统。这可能包括梁、柱、墙等主要结构元素的位置和连接方式。

原木选择：选择适当的原木是结构设计的关键，应充分考虑原木的强度、稳定性、湿度和尺寸等因素。原木截面的形状和尺寸应与设计要求相符，通常会选择方形的原木以便于加工和连接。

连接方式：应设计合适的连接方式以确保结构的稳固性和耐久性，可能涉及到木榫、螺栓、钉子等连接元素。连接方式需要考虑木材的特性，以及结构在使用中可能受到的荷载。

防腐处理：如果方木原木结构将暴露在外部环境中，需要考虑防腐处理以延长木材的使用寿命。常见的防腐方法包括涂层、浸渍、定期维护等。

四、混合结构

（一）混合结构的基本特征

木混合结构建筑以木结构为主要形式，与其他材料构件混合承重，上下混合木结构建筑采用下部钢筋混凝土结构和上部木结构，能够兼顾结构的稳定性和防火性能，适用于需要大空间或对防火要求较高的场所，如商场、餐厅、厨房和车库等。

（二）混合结构的主要类型

木-混凝土结构：将木材与混凝土结合的一种常见方式。木-混凝土结构可以是木框架与混凝土墙体或楼板的结合，也可以是混凝土柱与木梁的结合。这种结构通常充分利用了木材的轻质和混凝土的强度，提供了良好的结构性能。

木-钢结构：将木材与钢结构相结合，形成木-钢混合结构。这种结构可以在木材的轻质特性和钢的高强度之间取得平衡，同时提供了更大的设计灵活性。木-钢结构常用于大跨度的建筑，如体育馆、会展中心等。

木-玻璃结构：在现代建筑中，木材与玻璃结合形成的结构也越来越受到市场欢迎。这种结构不仅能够提供自然采光，还能创造出开放、明亮的空间。木-玻璃结构常用于建筑外墙、屋顶和室内隔断等部分。

夹层木结构：夹层木结构采用不同材料层次的组合，例如将胶合木材与其他木材或建筑材料夹在一起形成夹层结构。这种结构可以充分利用各种材料的特点，实现结构的多功能性和优越性。

木-砖结构：将木材与砖结合，形成木-砖结构。这种结构常见于传统建筑中，如木框架结构与砖墙的结合，既保留了木结构的温馨感，又增加了砖结构的稳固性。

（三）混合结构的设计方法

木混合结构设计涉及不同层次的考虑和要素。低层木混合结构可以采用国家标准的常规方法进行设计，多层和高层木混合结构的设计过程则需要考虑额外的要素。

1. 需要关注平面布置的规则性、对称性和整体性。这些要素对多层和高层建筑的结构稳定性起着至关重要的作用。

2. 需要考虑竖向刚度和承载力的均匀分布，合理分布竖向刚度和承载力可以提高结构的整体性能。

3. 还需要考虑构件的工业化生产和安装要求。通过工业化生产和采用预制构件，可以提高工程施工效率和质量。

4. 木材蠕变对结构的不利影响也需要被考虑在内，以确保结构的可靠性和耐久性。

5. 在确定结构分析模型时，应根据实际情况选择适当的模型，才能反映结构构件的受力状态，从而有助于更准确地预测和评估结构的性能。

6. 设计抗侧力构件时，可以采用面积分配法和刚度分配法进行剪力分配计算。柔性楼和屋盖可使用面积分配法，刚性楼和屋盖可以根据抗侧力构件的等效刚度进行分配计算。这些方法有助于确保结构在侧向荷载下的稳定性和安全性。

7. 木混合结构建筑还需要考虑木材的耐久性要求。采取可靠的防腐措施来确保材料可长期使用，防止腐朽和其他损害。

第二节　装配式木结构的设计

一、木结构建筑设计

（一）建筑设计的应用范围

装配式木结构建筑适用于传统民居、特色文化建筑（如特色小镇等）、低层住宅建筑、综合建筑、旅游休闲建筑、文体建筑等。

目前，我国装配式木结构建筑主要用于三层及三层以下建筑。国外装配式木结构建筑也主要为低层建筑，但也有多层建筑与高层建筑。

装配式木结构建筑可以方便地实现多种建筑风格，包括自然风格、古典风格、现代风格、现代与自然结合的风格和雕塑感风格。

（二）建筑设计的基本要求

装配式木结构建筑设计应满足一些基本要求。

满足一定的功能需求：建筑的设计首先应满足其预定的功能需求。无论是住宅、商业建筑、工业建筑还是其他类型的建筑，都必须合理满足使用者的功能需求。

符合安全标准：建筑必须符合安全标准，其中包括建筑结构的稳定性、防火性能、防护设施等，应确保在正常使用和紧急情况下的安全性。

具有良好的美学品质：建筑设计应具有良好的美学品质，与周围环境协调一致，包括建筑的外观设计、材料选择、色彩搭配等多个方面，旨在创造令人愉悦的空间。

考虑建筑的生态足迹：考虑建筑的生态足迹，即是采用可持续的设计和建造方法，包括能源效率、水资源利用、材料选择和废物管理等多个方面，旨在减少对环境的影响。

提供良好的舒适环境：提供良好的舒适环境，即是指建筑内部应提供良好的舒适性，包括通风、采光、温度控制等多个方面，旨在提升使用者的居住和工作体验。

（三）建筑设计的主要内容

1. 平面设计

平面布置和尺寸需要满足以下条件。

（1）结构受力的要求。

（2）预制构件的要求。

（3）各系统集成化的要求。

2. 立面设计

立面设计需要满足以下条件。

（1）符合建筑类型和使用功能要求，建筑高度、层高和室内净高需要符合标准化模数。

（2）遵循“少规格、多组合”原则，并根据木结构建造方式的特点实现立面的个性化和多样化。

（3）尽量采用坡屋面，屋面坡度宜为 1∶3～1∶4。屋檐四周出挑宽度不宜小于 600 mm。

（4）外墙面突出物（如窗台、阳台等）应做好防水。

（5）立面设计宜规则、均匀，不宜有较大的外挑和内收。

（6）烟囱、风道等高出屋面的构筑物应做好与屋面的连接，保证安全。

（7）木构件底部与室外地坪高差应大于或等于 30 mm；在易遭虫害地区，木构件底部与室外地坪高差应大于或等于 450 mm。

3. 集成化设计

集成化设计需要满足以下条件。

（1）进行四个系统的集成化设计，提高集成度、制作与施工精度和安装效率。

（2）装配式木结构建筑部件及部品设计应遵循标准化、系列化原则，并且在满足建筑功能的前提下，提高结构建筑部件通用性。

（3）装配式木结构建筑部品与主体结构和建筑部品之间的连接应稳固牢靠、构造简单并且安装方便；连接处应做好防水、防火构造措施，并满足保温隔热材料的连续性、气密性等设计要求。

（4）墙体部品水平拆分位置应设在楼层标高处；竖向拆分位置宜按建筑单元的开间和进深尺寸划分。

（5）楼板部品的拆分位置宜按建筑单元的开间和进深尺寸划分。楼板部品应满足结构安全、防火以及隔声等要求；卫生间和厨房下楼板部品还应满足防水、防潮的要求。

（6）隔墙部品宜按建筑单元的开间和进深尺寸划分；墙体应与主体结构稳固连接，并且满足不同使用功能房间的隔声和防火要求；用作厨房及卫生间等潮湿房间的隔墙应满足防水和防潮要求；设备电器或管道等物品与隔墙的连接应牢固可靠；隔墙部品之间的接缝应采用构造防水和材料防水相结合的措施。

（7）预制木结构组件预留的设备与管线预埋件、孔洞、套管、沟槽应避开结构受力薄弱位置，并采取防火、防水及隔声措施。

4. 装修设计

装修设计需要满足以下条件。

（1）室内装修应与建筑结构和机电设备一体化设计，采用管线与结构分离的系统集成技术，并建立建筑与室内装修系统的模数网格系统。

（2）室内装修的主要标准构配件宜采用工业化产品，部分非标准构配件可在现场安装时统一处理，注意减少施工现场的湿法作业。

（3）室内装修内隔墙材料选型应符合下列规定：

第一，宜选用易于安装、拆卸且隔音性能良好的轻质内隔墙材料，达到灵活分隔室内空间的效果。

第二，内隔墙板的面层材料宜与隔墙板形成整体。

第三，用于潮湿房间的内隔墙板和层材料应防水且易清洗。

第四，采用满足防火要求的装饰材料，严禁采用燃烧时产生大量浓烟或有毒气体的装饰材料。

（4）轻型木结构和胶合木结构房屋建筑的室内墙面覆面材料宜采用纸面石膏板，若采用其他材料，其燃烧性能技术指标应符合现行国家标准的规定。

（5）厨房间墙面面层应为不燃材料；非油烟机管道需要做隔热处理，或采用石膏板制作管道通道，避免排烟管道与木材接触。

（6）装修设计应符合下列规定：

第一，装修设计需要满足工厂预制和现场装配要求，装饰材料应具有一定的强度、刚度和硬度，且符合运输和安装需要。

第二，应充分考虑按不同组件间的连接，设计不同装饰材料之间的连接。

第三，室内装修的标准构配件宜采用工业化产品。

第四，应减少施工现场的湿法作业。

（7）在建筑装修材料和设备需要与预制构件连接时，应充分考虑按不同组件间的连接设计不同装饰材料之间的连接，应采用预留埋件的安装方式，当采用其他安装固定方式时，不可影响预制构件的完整性与结构安全。

5. 防护设计

防护设计需要满足以下条件。

（1）装配式木结构建筑防水、防潮和防生物危害设计应符合现行国家标准的规定。设计文件中应规定采取防腐措施和防生物危害措施。

（2）需防腐处理的预制木结构组件应在机械加工工序完成后进行防腐处理，不宜在现场再次切割或钻孔。装配式木结构建筑应在干法作业环境下施工，预制木结构组件在制作、运输、施工和使用过程中应采取防水、防火措施。外墙板接缝、门窗洞口等防水薄弱部位除采用防水材料外，还应采用与防水构造措施相结合的方法进行保护。

（3）除严寒和寒冷地区外，都需要控制蚁害。施工前应对建筑基础及周边进行除虫处理。原木墙体靠近基础部位的外表面应使用含防白蚁药剂的漆进行处理，处理高度大于等于 300 mm。露天结构、内排水桁架的支座节点处以及檩条、搁栅、柱等木构件直接与砌体和混凝土接触的部位应进行药剂处理。

6. 设备与管线系统设计

设备与管线系统设计需要满足以下条件。

（1）设备管道宜集中布置，设备管线预留标准化接口。

（2）预制组件应考虑设备与管线系统荷载、普线管道预留位置和铺设用的预埋件。

（3）预制组件上应预留必要的检修位置。

（4）铺设产生高温管道的通道，需采用不燃材料制作，并应考虑通风。

（5）铺设产生冷凝管道的通道，应采用耐水材料制作，并应考虑通风。

（6）装配式木结构宜采用阻燃低烟无卤交联聚乙烯绝缘电力电缆、电线或无烟电力电缆、电线。

(7) 预制组件内预留有电气设备时，应采取有效措施满足隔声及防火的要求。

(8) 装配式木结构建筑的防雷设计应符合国家、行业设计标准的规定，预制构件中需预留等电位连接位置。

(9) 装配式木结构建筑设计应考虑智能化要求，并在产品预制中综合考虑预留管线；消防控制线路应预留金属套管。

二、木结构结构设计

(一) 木结构设计的基本要求

1. 木结构体系要求

(1) 必须满足负载能力、刚度和延性的要求。

(2) 应采用技术措施来增强整个结构的完整性。

(3) 木结构必须规则、平整，且在两个主轴方向上的振动特性之比不得超过10%。

(4) 必须确立合理明确的力传递路径。

(5) 必须对木结构薄弱部位采取加固措施。

(6) 木结构必须具备良好的抗震性能。

2. 抗震验算

在装配式木结构建筑的抗震设计中，纯木结构的多次地震验证的阻尼比可以设定为0.03；罕见地震验证的阻尼比可以设定为0.05。装配式木混合结构的阻尼比，可以根据位能等效原则来计算。

3. 木结构布置

装配式木结构的整体布置必须符合现行国家标准中相关规定的要求，应该连续且均匀，以避免抗侧力结构在垂直方向上出现突变的侧向刚度和承载力。

4. 考虑不利影响

在装配式木结构的设计过程中，应采取有效措施来减小木材由于干缩、蠕变等因素引起的不均匀变形、受力偏心、应力集中或其他不利影响。同时，还需要考虑不同材料的温度变化、基础差异沉降等非荷载效应所带来的不利影响。这些措施旨在确保结构的稳定性和安全性，能够有效应对各种力学和环境变化的挑战。

5. 整体性保证

连接装配式木结构建筑构件时，必须确保整体结构的完整性。连接节点的强度不得低于被连接构件的强度，同时节点和连接必须明确受力，构造可靠，并满足承载力、延性和耐久性等要求。应特别考虑在连接节点需要具备的耗能功能。

6. 施工验算

（1）预制组件在翻转、运输、吊装和安装等临时工况下，需要进行施工验算。验算时，可将预制组件的自重乘以动力放大系数，得到等效静力荷载标准值。在运输和吊装时，建议采用 1.5 的动力系数；而在翻转和安装过程中，当预制组件就位并临时固定时，可选取 1.2 的动力系数。

（2）预制木构件和预制木结构组件，需要进行吊环强度验算和吊点位置设计。吊环强度验算是为了保证吊装过程中的安全性，吊点位置的设计则是为了确保预制组件能够平衡、稳定地被吊装。这些设计措施能够有效地提升预制木构件和预制木结构组件的安全性和可靠性。

（二）结构设计的结构分析

结构设计的结构分析是工程领域中的一个关键步骤，用于评估和验证建筑物或其他结构的稳定性、强度和性能。具体要求如下。

第一，根据项目特点选择合适的结构体系和结构形式至关重要。在选择过程中，需要考虑组件单元拆分的便利性、制作可重复性以及运输和吊装的可行性，以保证装配的高效性和准确性。

第二，结构计算模型在设计中起着非常重要的作用。为了准确反映实际受力状态并得到合理有效的分析结果，需要根据连接节点的性能和构造方式来确定整体计算模型。常用的计算模型包括空间杆系和空间杆墙板元等。通过选用适当的计算模型，可以更好地分析结构的受力情况。

第三，复杂体型、结构布置复杂、特别不规则或严重不规则的装配式木结构建筑，应该使用至少两种不同的结构分析软件进行整体计算。这样可以增加计算结果的可靠性和准确性，确保结构的安全性。

第四，在选择结构体系时，不宜采用单跨框架体系的梁柱支撑结构或梁柱-剪力墙结构。因为这些结构在装配式木结构建筑的使用中会有一些不利影响，如组件单元拆卸和运输的复杂性。

第五，弹性分析在装配式木结构的内力计算中是常用方法之一。在进行弹性分析时，需要考虑楼板平面内的整体刚度情况。如果无法保证整体刚度，还需要考虑楼板平面内的变形因素，以确保结构的稳定性和安全性。

第六，在考虑抗侧力构件的设计时，受到的剪力应按照面积分配法分配给柔性楼盖和屋盖，并按照等效刚度比例分配给刚性楼盖和屋盖。这样可以合理地分配结构的承载能力，增加整体的稳定性和安全性。

第七，在按照弹性方法计算楼层的设计中，需要确保在风荷载或多遇地震标准值作用下，层间位移角符合相关规定。根据规定，轻型木结构建筑的层间位移角不得大于1/250，多高层木结构建筑的层间位移角不得大于1/350，而弹出性层间位移角则不得大于1/50。这些规定能够保证结构在受到外力作用时的稳定性和安全性。

三、木结构连接设计

（一）连接设计的基本要求

预制组件的内部连接必须满足强度和刚度标准，而组件之间的连接质量需要符合工厂的质量检验标准。预制组件之间的连接方式可以根据结构材料、结构体系和受力部位的不同选择不同的方法。当涉及预制木结构组件与其他结构之间的连接时，必须使用锚栓或螺栓。螺栓或锚栓的直径和数量应通过计算确定，充分考虑风荷载、地震力引起的侧向力和风荷载引起的上拔力。在计算上部结构产生的水平力和上拔力时，应乘以1.2倍。如果存在上拔力，必须使用金属连接件。

建筑部件之间的连接、建筑部件与主体结构之间的连接，以及建筑部件与预制木结构组件之间的连接必须牢固可靠、构造简单且易于安装。连接处应采取防水、防潮和防火的构造措施，并满足保温隔热材料的连续性和气密性要求。这些措施旨在确保连接的耐久性和结构的整体性能。通过合适的连接方式和构造措施，可以提高建筑物的安全性和可持续性。

总之，预制组件的内部连接和组件之间的连接都是连接设计的关键点，必须符合相关的标准和质量要求。预制木结构组件与其他结构之间的连接，必须使用锚栓或螺栓，并且必须通过计算确保其强度和稳定性。建筑部件之间的连接、与主体结构的连接以及预制木结构组件之间的连接都必须牢固可靠，并须采取适当的防水、防潮和防火措施，满足保温隔热材料的要求。以上连接和构造措施将有助于提高建筑物的性能和安全性。

（二）木组件之间的连接设计

在预制木结构建筑项目的设计和实施中，木组件之间的连接方式起着关键作用。常见的连接方式包括榫卯连接、钉连接、螺栓连接、销钉连接、齿板连接和金属连接件连接。在预制次梁与主梁、木梁与木柱之间的连接中，应采用钢插板、钢夹板和螺栓进行连接，以确保结构的牢固性。

钉连接和螺栓连接可以选择双剪连接或单剪连接。需要注意的是，当使用圆钉进行连接时，如果圆钉的有效长度小于钉直径的 4 倍，应不考虑圆钉的抗剪承载力。然而，齿板连接不适用于腐蚀、潮湿或有冷凝水的环境中的木桁架，并且不能用于传递压力。在预制木结构中，组件之间应通过连接形成一个整体，预制单元之间不应相互错动，以确保整个结构的稳定性和安全性。

另外，在楼盖或屋盖的计算单元内，为增强结构的整体抗侧力，可以使用金属拉条。当金属拉条用于楼盖和屋盖平面内部的拉结时，它应与受压构件一起承受力。如果平面内部没有连续的受压构件，则需要设置填块，填块的长度应通过计算确定。

（三）木组件与其他结构的连接设计

木组件与其他结构的连接设计应注意以下要点。

第一，木组件与其他结构的水平连接需要满足内力传递和强度验算的要求。这意味着连接的设计和选择要考虑到结构所承受的水平力，并确保足够的连接强度，以保证结构的安全性和稳定性。

第二，木组件与其他结构的竖向连接应满足内力传递和变形协调的要求。竖向连接的设计需要考虑到结构的垂直荷载传递以及变形的协调性。这确保了木组件与其他结构之间的连接能够有效地传递荷载，并且在变形过程中保持结构的平衡和稳定。

第三，木组件与其他结构的连接通常采用销轴类紧固件连接。在连接过程中，需要使用预埋件来增加连接的强度，并应对连接部位进行防腐处理，以延长连接件的使用寿命。

第四，木组件与混凝土结构的连接使用锚栓进行固定，锚栓需要进行防腐处理。此外，锚栓还需要承担由侧向力引起的基底水平剪力，以确保连接的稳定性和可靠性。

第五，对于轻型木结构，连接所使用螺栓的直径不应小于 12 mm，螺栓间距不应大于 2. 0 m，并且螺栓的埋入深度不应小于螺栓直径的 25 倍。地梁板的两端 100 mm～300 mm 处还应设置螺栓，以增加连接的强度和稳定性。

第六，当木组件受到的上拔力大于重力荷载代表值的 0. 65 倍时，预制剪力墙的两侧边界构件需要进行层间连接或使用抗拔锚固件，以承受全部的上拔力。这样可以确保木组件在受到外部力作用时不会发生脱离或失稳的情况。

第七，将木屋盖和木楼盖作为混凝土或砌体墙体的侧向支承时，应采用锚固连接件直接连接墙体与木屋盖、楼盖。这些锚固连接件的承载力需要满足水平荷载的要求，并且其抗剪承载力不应小于 3.0 kN/m，以确保连接的强度和稳定性。

第八，装配式木结构的墙体应支撑在混凝土基础或砌体基础顶面的混凝土梁上。基础或梁顶面的砂浆应平整，并且其倾斜度不应超过 0.2%。这样可以确保墙体与基础之间的连接稳定，并且墙体能够承受垂直荷载。

第九，木组件与钢结构的连接宜采用销轴类紧固件。在剪板连接时，可以使用可锻铸铁制作的连接件，紧固件可以是螺栓或木螺钉。剪板结构的构造和抗承载力计算需要符合国家标准《胶合木结构技术规范》（GB/T 50708—2012）的要求，以确保连接的强度和结构的稳定性。

四、木结构吊点设计

相对于传统的现浇结构设计，吊点设计是装配式工程师们必须了解的新内容。具体包括以下内容。

第一，吊装方式的确定。木结构组件和部品吊装方式包括软带捆绑式和预埋螺母式。设计时需要根据组件或部品的重量、形状确定吊装方式。

第二，吊点位置的计算应根据组件和部品的形状与尺寸，选择受力合理和变形最小的吊点位置；异形构件需要根据重心计算来确定点位。

第三，吊装复核应计算吊装用软带、吊索和吊点受力。

第四，对刚度差的构件或吊点附近应力集中的点位，应根据吊装受力情况采取临时加固措施。

第三节　装配式木结构的材料与构件制作

一、装配式木结构的材料

装配式木结构建筑较为特殊的主要材料包括木材、金属连接件和结构用胶，保温材料、防火材料、隔声材料、防水密封材料和装饰材料与其他结构建筑相同。

（一）木材

装配式木结构建筑所用的木材主要包括方木和原木、规格材、胶合木层板、结构复合材以及木基结构板材。选用时应符合国家标准、防火要求、木材阻燃剂要求和防腐要求。

1. 方木和原木

在方木原木结构构件设计时，应根据构件的主要用途选用相应的材质等级。使用进口木材时，应选择天然缺陷和干燥缺陷少且耐腐性较好的树种；首次采用的树种，应先试验后使用。

方木和原木应从相关标准所列树种中选取。主要承重构件应采用针叶材；重要的木制连接构件应采用细密、直纹、无痛节和无其他缺陷的耐腐的硬质阔叶材。

2. 规格材

规格材是指宽度、高度按规定尺寸加工后的木材。

3. 木基结构板

木基结构板包括结构胶合板和定向刨花板，多用于屋面板、楼面板和墙面板。

4. 结构复合材

结构复合材是以承受力的作用为主要用途的复合材料，多用于梁或柱。

5. 工字形木搁栅

工字形木搁栅用结构复合木材作翼缘，用定向刨花板或结构胶合板作腹板，并用耐用胶水黏结，多用于楼盖和屋盖。

6. 胶合木层板

胶合木层板的原料是针叶松，主要包括以下几种类型。

（1）正交胶合木。正交胶合木至少由三层软木规格材胶合或螺栓连接，相邻层的顺纹方向互相正交垂直。

（2）旋切板胶合木。旋切板胶合木由云杉或松树旋切成单板，常用作板或梁。

（3）层叠木片胶合木。层叠木片胶合木是由防水胶黏合厚 0.8 mm、宽 25 mm、长 300 mm 的木片单板而形成的木基复合构件。层叠木片胶合木包括两种单板：一种是所有木片排列都与长轴方向一致的单板，另一种是部分木片排列与短轴方向一致的单板。前者适用于梁、椽、标和柱；后者适用于墙、地板和屋顶。

（4）平行木片胶合木。平行木片胶合木是由厚约 3 mm、宽约 15 mm 的单板条制成，板条由酚醛树脂黏合，单板条可以达到 2.6 m 长。平行木片胶合木常用作大跨度结构。

（5）胶合木。胶合木采用花旗松等针叶材制成的规格材叠合在一起而形成大尺寸工程木材。

（二）钢材与金属连接件

1. 钢材

装配式木结构建筑承重构件、组件和部品连接使用的钢材采用 Q235 钢、Q345 钢、Q390 钢和 Q420 钢，应符合国家标准《碳素结构钢》（GB/T 700—2019）和《低合金高强度结构钢》（GB/T 1591—2018）的有关规定。

2. 螺栓

装配式木结构建筑承重构件、组件和部品连接使用的螺栓应符合以下规定。

（1）普通螺栓应符合国家标准《六角头螺栓——A 和 B 级》（GB/T 5782）和《六角头螺栓——C 级》（GB/T 5780）的规定。

（2）高强度螺栓应符合国家标准《钢结构用高强度大六角头：螺栓》（GB/T 1228）、《钢结构用高强度大六角螺母》（GB/T 129）、《钢结构用高强度垫圈》（GB/T 1230）、《钢结构用高强度大六角头螺栓、大六角螺母、垫圈技术条件》（GB/T 1231）、《钢结构用扭乾型高强度螺栓连接副》（GB/T 3632）和《钢结构用扭乾型高强度螺栓连接副技术条件》（GB/T 3633）的有关规定。

（3）锚栓可采用国家标准《碳素结构钢》（GB/T 700）中规定的 Q235 钢或《低合金高强度结构钢》（GB/T 1591）中规定的 Q345 钢制成。

3. 钉

钉的材料性能应符合现行国家标准《紧固件机械性能》（GB/T 3098）和其他相关现行国家标准的规定和要求。

除此以外，金属连接件及螺钉等物件应进行防腐处理或采用不锈钢产品。与防腐木材直接接触的金属连接件及螺钉等物件应避免因防腐剂引起的腐蚀。

对外露的金属连接件应采取涂刷防火涂料等防火措施，防火涂料的涂刷工艺应满足设计要求或相关规范。

（三）结构用胶

承重结构可采用酶类胶和氨基塑料缩聚胶黏剂或单组分聚氨酯胶黏剂，应符合现行国家标准《胶合木结构技术规范》（GB/T 50708—2012）的规定。

承重结构用胶必须满足结合部位的强度和耐久性要求，其胶合强度应不低于木材顺纹抗取和横纹抗拉的强度。结构用胶的耐水性和耐久性，应符合结构的用途和使用年限，并符合环境保护的要求。

二、装配式木结构的构件制作

（一）木结构预制构件的制作

装配式木结构建筑是近年来发展迅速的一种建筑形式。其核心是在工厂预制构件或板块，将建筑过程从现场部分转移到工厂，在现场进行组装。

首先，构件预制是装配式木结构建筑的基础。单个木结构构件，如梁、柱等，在工厂进行预制，并利用数控机床进行精确加工。这样做的优点是便于运输和实现个性化生产。预制的构件可以根据建筑设计的要求进行定制，保证了建筑的个性化特色。需要注意的是，现场施工组装的工作量较大，需要进行精确的组装设计，并预先考虑调整措施。

其次，板块式预制是另一种常见的装配式木结构建筑方式。建筑被分解成板块，在工厂进行预制后，运输到现场进行组装。预制板块的大小根据建筑物体量和运输条件确定。这种方式又可以分为开放式板块和封闭式板块两种。开放式板块的墙面无封闭，方便现场组装和质量检查；封闭式板块则内外侧均为完工表面，设施布线和安装已经完成。板块式预制利用工厂预制的优势，便于运输、缩短工期。

再次，模块化预制是适用于单层或多层木结构建筑的一种方式。建筑由若干模块组成，并设置临时钢结构支撑体系以满足运输和吊装要求。模块化预制的优势在于最大化工厂预制，实现自由组合。模块化的设计使得建筑更加灵活，可以根据需要进行增减和重组。

最后，移动木结构是一种完整的建筑系统，包括所有结构工程、内外装修、设备和家具安装等。整座房子在工厂进行预制完成后，运输到现场进行吊装并安放在基础上。这种方式适用于单层小户型住宅和旅游景区小体量景观房屋。移动木结构的优势在于减少现场施工时间，降低气候条件对施工的影响。由于大部分工作在工厂进行，劳动力成本也得到控制。

总体来说，装配式木结构建筑利用工厂预制的优势，可以实现产品质量统一管理、提高材料利用率、减少废料产生。与传统的现场施工相比，装配式木结构建筑可以显著减少施工时间，降低气候条件对施工的影响，并降低劳动力成本。这种建筑方式的发展有助于推动建筑行业的可持续发展，并提供更加高效、环保的建筑解决方案。

（二）木结构构件的制作流程

下文将以轻型木结构墙体预制为例，描述木结构构件的制作过程。

1. 需要对规格材进行切割，确保其符合所需尺寸。

2. 进行小型框架构件的组合，将构件按照设计要求进行拼装。

3. 进行墙体整体框架的组装，将各个构件连接在一起形成稳固的框架结构。

4. 进行结构覆面板的安装，包括在框架上安装覆面材料，如多层木板等；在多功能工作桥上进行上钉卯和切割，以固定和调整木结构构件的位置；根据设计要求，在墙体上开孔和进行打磨，以便安装门窗。

5. 翻转墙体，在墙体上敷设保温材料、蒸汽阻隔层和石膏板等，以提供隔热和防潮的效果。

6. 进行门、窗和外墙饰面的安装，将预制的门窗固定在开孔处，同时进行外墙的装饰，使其符合设计要求和美观需求。

以上轻型木结构墙体预制的制作流程涵盖了材料切割、构件组装、框架搭建、覆面板安装、门窗开孔、保温材料敷设和最终装饰等关键步骤。

（三）木结构构件的制作要求

预制木结构组件的制作是一个关键的工序，需要按照设计文件进行操作。制作工厂必须具备相应的生产场地、设备和质量管理体系，并应建立组件制作档案，以确保制作过程的准确性和追溯性。

在开始制作之前，制定详细的制作方案非常重要。方案应包括工艺要求、制作计划、技术质量控制措施、成品保护以及堆放和运输方案，从而确保制作过程的顺利进行，并保证最终产品的质量。

制作过程中需要严格控制环境条件，主要是温度和湿度。此外，还要确保木材的含水率符合设计要求，以免在后续使用过程中出现问题。

为了保护预制木结构组件，需要在制作、运输和储存过程中采取防水、防潮、防火、防虫和防损坏的措施。这样可以确保组件在各个环节都能保持完好，以达到预期的使用寿命和性能。

每一种构件在批量生产之前，都必须进行首件检查。只有在确保符合设计和规范要求之后，才能进行大规模生产。这样可以避免出现批量生产过程中的质量问题。

在制作过程中，建议使用 BIM 信息化模型进行校正和组件预拼装。这样可以提前发现并解决潜在的问题，确保最终的构件能够精准地符合设计要求。

针对带有饰面材料的组件，在制作之前需要绘制排版图，并在工厂进行预拼装。这样可以确保饰面材料的正确安装和质量，并减少现场施工的复杂性。

（四）木结构构件的验收要求

木结构预制构件的验收过程包括原材料验收、配件验收和构件出厂验收。木结构构件的验收，具体要求如下。

第一，应按照现行国家标准进行验收，并提供相应的文件和记录。包括工程设计文件、预制组件制作和安装的技术文件，以及预制组件所使用的主要材料、配件和其他相关材料的质量证明文件、进场验收记录和抽样复验报告。

第二，需要记录预制组件的预拼装情况。预制木结构组件的制作误差应符合现行国家标准中预制正交胶合木构件的厚度要求，即厚度不应超过 500 mm。

第三，通过检验合格后，预制木结构组件应当进行标识。标识内容应包括产品代码、编号、制作日期、合格状态以及生产单位等信息，以便对构件进行追踪和管理。

（五）木结构构件的运输要求

木结构组件和部品运输的具体要求如下。

第一，制定装车固定、堆放支垫和成品保护方案，并采取措施防止运输过程中组件移动、倾倒和变形。

第二，存储设施和包装运输应采取使其达到含水率要求的措施，并应有保护层包装，对边角部需设置保护衬垫。

第三，预制木结构组件水平运输时，应将组件整齐地堆放在车厢内。梁、柱等预制组件可分层隔开堆放，上、下分隔层垫块应竖向对齐，悬臂长度不宜大于组件长度的 1/4。板材和规格材应纵向平行堆垛、顶部压重存放。

第四，预制木桁架整体水平运输时，宜竖向放置，支撑点应设在桁架两端节点支座处，下弦杆的其他位置不得有支撑物。应在上弦中央节点处的两侧设置斜撑，并且与车席牢固连接，按桁架的跨度大小设置若干对斜撑。数术榀衔架并排竖向放置运输时，需在上弦节点处用绳索将各桁架彼此系牢。

第五，预制木结构墙体宜采用直立插放架运输和储存。插放架应有足够的承载力和刚度，并应支垫稳固。

（六）木结构构件的储存要求

木结构构件储存的具体要求如下。

第一，组件应存放在通风良好的仓库或防雨的有顶场所内。储存场所应具备平整、坚实的地面，并配备良好的排水设施，以确保组件的安全性和完整性。

第二，施工现场上堆放的组件需要按照安装顺序进行分类和布置。堆垛的位置应在起重机的工作范围内，并且不应受到其他施工作业的影响，以确保操作的便捷性和安全性。

第三，在采用叠层平放方式进行堆放时，需要采取措施来防止组件发生变形。同时，吊件应朝上放置，标志应朝向堆垛间的通道，以便识别和操作。

第四，支垫应该坚实可靠，垫块的位置应与起吊位置一致，以提供稳定的支撑。在重叠堆放组件时，每层组件之间的垫块应上下对齐，堆垛的层数应根据组件和垫块的承载能力确定，并采取防止堆垛倾覆的措施。

第五，如果采用靠架堆放的方式，靠架必须具备足够的承载能力和刚度，且与地面的倾斜角度应大于80度，以确保组件的稳定支撑。

第六，曲线形的组件应采取相应的保护措施，以确保其完整性和形状不受损坏。在现场无法及时安装的建筑模块，应采取保护措施，以防止损坏或受恶劣天气影响。

第四节　装配式木结构施工方法与质量控制

一、装配式木结构的施工方法

（一）安装准备

施工准备阶段包括以下工作。

第一，装配式木结构施工前应编制施工组织设计方案。

第二，安装人员应培训合格后上岗，应特别重视起重机司机与起重工的培训。

第三，做好起重设备、吊索、吊具的配置与设计。

第四，应进行吊装验算。构件搬运、装卸时，动力系数取1.2；构件吊运时，动力系数可取1.5。有可靠经验时，动力系数可根据实际受力情况和安全要求适当增减。

第五，做好临时堆放与组装场地准备，或在楼层平面进行上一层楼的部品组装。

第六，安装工序要求复杂的组件应进行试安装，并根据试安装结果对施工方案进行调整。

第七，施工安装前需要检验五项内容：①混凝土基础部分是否满足木结构施工安装精度要求；②安装所用材料及配件是否符合设计和国家标准及规范要求；③预制构件的外观质量、尺寸偏差、材料强度和预留连接位置等是否按规定标注；④连接件及其他配件的型号、数量和位置是否按规定标注；⑤预留管线、线盒等的规格、数量、位置及固定措施等是否按规定标注。以上检验若不合格，不得进行安装。

第八，测量放线等。

（二）安装要点

1. 吊点设计

吊点设计需符合以下要求。

（1）对已拼装构件，应根据结构形式和跨度确定吊点。施工须进行试吊，证明结构具有足够的刚度后方可开始吊装。

（2）杆件吊装宜采用两点吊装，长度较大的构件可采取多点吊装。

（3）长细杆件应复核吊装过程中的变形及平面外稳定，板件类、模块化构件应采用多点吊装。组件上应有明显的吊点标示。

2. 吊装要求

吊装过程中的具体要求如下。

（1）刚度差的构件，应根据其在提升时的受力情况使用附加构件进行加固。

（2）吊装过程应平稳，构件吊装就位时，须使其拼装部位对准预设部位垂直落下。

（3）正交胶合木墙板吊装时，宜采用专用吊绳和固定装置，移动时采用锁扣扣紧。

（4）竖向组件和部件、水平组件安装应符合以下要求。

①在底层构件安装前，应复核结合面标高，并安装防潮垫或采取其他防潮措施。

②在其他层构件安装前，应复核已安装构件的轴线位置、标高。

③在柱安装应先调整标高，再调整水平位移，最后调整垂直偏差。柱的标高、位移、垂直偏差应符合设计要求。调整柱垂直度的缆风绳或支撑夹板，应在柱起吊前在地面绑扎好。

④在校正构件安装轴线位置后，初步校正构件垂直度并紧固连接节点，同时采取临时固定措施。

⑤在安装水平组件时，应复核支撑位置连接件的坐标，应对与金属、砖、石混凝土等结合部位采取防潮、防腐措施。

（5）在安装柱与柱之间的主梁构件时，应对柱的垂直度进行检测。除了检测梁两端柱子的垂直度变化，还应检测相邻各柱因梁连接影响而产生的垂直度变化。

（6）桁架可逐榀吊装就位，或多根桁架按间距要求在地面用永久性或临时支撑组合成数榀后一起吊装。

3. 临时支撑

构件安装后应设置防止失稳或倾覆的临时支撑。可通过临时支撑对构件的位置和垂直度进行微调。构件安装临时支撑的要求如下。

（1）水平构件支撑不宜少于 2 道。

（2）预制柱、墙的支撑点距底部的距离不宜小于高度的 2/3，且不可小于高度的 1/2。

（3）吊装就位的桁架应设置临时支撑以保证其安全和垂直度。采用逐榀吊装时，第一根桁架的临时支撑应有足够的能力防止后续桁架的倾覆，其位置应与被支撑桁架的上弦杆的水平支撑点一致，支撑的一端应可靠地锚固在地面或内侧楼板上。

4. 连接施工

（1）螺栓应安装在预先钻好的孔中。孔不能太小或太大。预钻孔的直径比螺栓直径大 0. 8～1. 0 mm，螺栓的直径不宜超过 25 mm。

（2）螺栓连接重力的传递依赖于孔壁的挤压，因此连接件与被连接件上的螺栓孔必须同心。

（3）预留多个螺栓钻孔时，宜将被连接构件临时固定后进行一次贯通施钻。安装螺栓时应拧紧，确保各被连接构件紧密接触，但拧紧时不得将金属垫板嵌入胶合木构件中。

（4）螺栓连接中，垫板尺寸仅须满足构造要求，无须验算木材横纹的局部受压承载力。

二、装配式木结构的质量控制

装配式木结构建筑的质量控制需要遵守以下规定。

首先，所采用的木材、规格材、木基结构板材、钢构件和连接件、胶合剂以及层板胶合木构件等材料，必须进行现场验收。涉及到安全和功能的材料或产品还需要按照专业工程质量验收规范的要求进行复验，并经监理工程师或建设单位技术负责人的检查和认可。

其次，在每个工序完成后，都需要按照施工技术标准进行质量控制，并进行相应的检查。这样可以确保每个工序都符合要求。

最后，不同专业工种之间在交接的时候，应进行交接检验，并记录下来。在未经监理工程师或建设单位负责人的检查和认可之前，不得进行下一个工序的施工。

通过以上质量控制措施，装配式木结构建筑的质量可以得到有效的管理和控制。从而提高建筑的安全性和可靠性，保证建筑的使用功能得到满足，并确保各工序之间的协调、顺利进行。

第四章　装配式钢结构设计与施工研究

第一节　装配式钢结构的结构体系分析

随着我国国民经济的发展，我国钢材的产量和产业规模近几十年来一直稳居世界前列。从全球范围看，绿色化、信息化和工业化是建筑产业发展的必然趋势，钢结构建筑具有绿色环保、可循环利用、抗震性能良好的独特优势。在其全寿命周期内，具有绿色建筑和工业化建筑的显著特征，发展空间巨大。

大力发展钢结构和装配式建筑，是提高建筑工程标准和质量、推动产业结构调整升级的重要途径。推广应用钢结构，可以提高建设效率、提升建筑品质、低碳节能、减少建筑垃圾的排放、符合可持续发展的要求，还能促进建筑部品更新换代和上档升级，具有重大的现实意义。

一、装配式钢框架结构

“目前我国正大力推广装配式建筑体系，努力实现建筑工业化。装配式钢框架结构体系存在广阔应用前景。”① 钢框架结构的主要结构构件为钢梁和钢柱，钢梁和钢柱在工厂预制，在现场通过竹点连接形成框架。一般情况下框架结构的钢梁与钢柱采用栓焊连接或全焊接连接的刚性连接，以提高结构的整体抗震刚度。为减少现场的焊接工作量，防止梁与柱连接焊缝的脆断，加大结构的延性，在有可靠依据的情况下，也可采用全螺栓的半刚性连接。钢梁、钢柱、外墙、内墙、楼梯等主要部件均为预制构件，楼板采用的是钢筋桁架楼承组合板，除了楼板面层需现浇外，现场再无大面积的湿作业施工，装配化程度高。

（一）装配式钢框架的布置原则

为方便框架梁柱的标准化设计以及提高建筑结构的抗震性能，同时综合考虑建筑使用

---

① 段嘉琪．装配式钢框架结构体系的研究与应用分析［J］．工程管理，2022，3（1）：154.

的功能性、结构受力的合理性以及制作加工和施工安装的方便性等因素，装配式钢框架结构的布置原则应符合以下四点。

第一，钢框架建筑的平面尽可能采用方形、矩形等对称简单的规则平面。考虑到外墙板设计，应少规格多组合，以减少墙板模具的费用。考虑到钢构件本身的通用性和互换性，建筑户型平面尺寸布置应尽量以统一的建筑模数为基础，形成标准的建筑模块。

第二，框架柱网的布置，应尽可能采用较大柱网，减少梁柱节点数量，在建筑空间增大、平面布置更加灵活的同时，达到安装节点少、施工速度快的目的，有利于装配化的进程。多层钢结构的柱距一般宜控制在 6～9 m。

第三，框架梁布置时，应保证每根钢柱在纵横两个方向均有钢梁与之可靠连接，以减少柱的计算长度，保证柱的侧向稳定。

第四，次梁的布置，应考虑楼板的种类和经济跨度、建筑降板需求、隔墙厚度和布置等因素，尽可能少布置次梁，次梁的间距一般宜控制在 2. 5～4. 5 m。

第五，若为混凝土框架结构考虑梁柱的截面取值和房屋净高（特别是走廊处净高）要求，通常布置为三跨，以减小主梁跨度。若为钢框架结构，钢结构强度高，适用跨度大，梁柱截面可相应减小。结构布置可改为两跨布置，减少一排框架柱，既方便构件加工，又能加快现场梁柱装配进度，经济合理。

第六，在钢框架结构中，山钢材的强度高，钢结构框架能有效避免“粗梁笨柱”现象，但也会造成钢框架结构的侧向刚度有限，结构的最大适用高度会受到一定的限制。

第七，实际工程中，在抗震区以及风荷载较大的地区，当结构达到一定高度时，梁柱截面尺寸将由结构的刚度控制而不是强度控制。为控制构件的截面尺寸和用钢量，钢框架结构一般不超过 18 层。

（二）装配式钢框架结构的构件拆分

钢结构的受力钢构件都是在钢构厂加工，然后在现场通过螺栓连接或焊接连接成整体。钢构件在工厂的加工拆分原则主要应考虑受力合理性、运输条件、起重能力、加工制作难易度、安装便捷性等因素；钢结构的楼板、外墙板及楼梯等构件的拆分，则应根据构件的种类，遵循受力合理、连接简单、生产标准化、施工高效的原则，在方便加工和节省成本的基础上，确保工程质量。

1. 钢框架柱的拆分

钢框架柱一般按 2～3 层分段为一个安装单元。在运输和吊装能力许可的情况下，对层高不高的住宅建筑，也可按 4 层分段，分段位置通常设置在楼层梁顶标高以上 1. 2～

1.3 m，以方便现场工人进行柱的拼接。设计时，为避免梁柱在工地现场的节点连接，可在柱边设置悬臂梁段，悬臂梁段与柱之间采用工厂全焊接连接，侧柱拆分时应带有短梁头。这种拆分可将梁柱的节点连接转变为梁与梁的拼接，有效避免了强节点的验算。并且，梁端内力传递性能较好，现场操作方便，设计和施工均相对简单。短悬臂梁段的长度一般为柱边外 2 倍梁高及梁跨度 1/10 的较小值。但由于带短梁头的柱在运输、堆放、吊装和定位时都比较困难，梁端的焊接性能还会直接影响节点的抗震性能，目前钢框架工程中更多采用不带悬臂梁的柱拆分。

2. 楼板的拆分

为满足工业化建造的要求，钢结构中楼板所用的类型主要有钢筋桁架楼承板和桁架钢筋混凝土叠合板等。

钢筋桁架楼承板是将楼板中的钢筋再加工成钢筋桁架，并将钢筋桁架与镀锌钢板在工厂焊接成一体的组合模板。施工中，可将钢筋桁架楼承板直接铺设在钢梁上，底部镀锌钢板可作模板使用，无须另外支模及架手架。同时也减少了现场钢筋绑扎工程量，既加快了施工进度，又保证了施工质量。但当钢筋桁架楼承板的底板采用镀锌钢板时，楼板板底的装修（抹灰粉刷）存在一定的困难，所以带镀锌底板的钢筋桁架楼承板一般多用在有吊顶的公共建筑中。在住宅中使用时，可结合节能计算，先在楼承板的板底敷设一层保温板，再进行粉刷。

钢筋桁架楼承板的宽度一般为 576 mm 或 600 mm，最大长度可达 12 m。在设计时，一般沿楼板短边受力方向连续铺设，将钢筋桁架楼承板支撑在长边方向的钢梁上，然后绑扎桁架连接钢筋，支座附加钢筋和板底分布钢筋。

桁架钢筋混凝土叠合板是利用混凝土楼板的上下层纵向钢筋与弯折成形的钢筋焊接，组成能够承受荷载的桁架，结合预制混凝土底板，形成在施工阶段无须模板、板底不加支撑即能够承受施工阶段荷载的楼板。桁架钢筋混凝土叠合板的预制底板厚度一般为 60 mm，后浇的混凝土叠合层一般不小于 70 mm，考虑到铺设管线的方便，一般不小于 80 mm。在进行楼板拆分设计时，预制混凝土底板应等宽拆分，尽量拆分为标准板型。单向合板在拆分设计时，预制底板之间采用分离式接缝，接缝位置可任意设置；双向叠合板在拆分设计时，预制底板之间采用整体式接缝，接缝位置宜设置在移合板受力较小处。

3. 外墙板的拆分

目前民用钢结构外墙板应用较多的是蒸压加气混凝土外条板和预制混凝土夹心保温外墙板。蒸压加气混凝土条板多应用在居住建筑中，通常的布置形式为竖板安装，采取分层承托方式，因此应分层排板，条板的宽度一般为 600 mm。为避免浪费材料，建筑设计时，开间尺寸应尽量符合 300 mm 模数要求，窗户与墙体的分割也宜考虑条板的布板模数。

预制混凝土夹心保温外墙板在拆分时，高度通常不超过一个层高，每层范围内的墙板尺寸确定应综合考虑建筑立面、结构布置、制作工艺、运输能力以及施工吊装等多方面的因素。同时，为了节省工厂制作的钢模费用，墙板在拆分时应尽量符合标准化要求，以少规格、多组合的方式实现建筑外围护体系。相对而言，预制混凝土夹心保温外墙板应用在钢结构上，存在自重偏大、与主体钢结构构件的构造连接不够成熟等问题，研发轻质预制混凝土夹心保温外墙板以及合理的连接构造措施，是大力推广预制混凝土夹心保温外墙板在钢结构工程中应用的前提和基础。

4. 楼梯的拆分

装配式钢结构的楼梯可采用预制钢楼梯或预制混凝土楼梯。预制钢楼梯一般为梁式楼梯，楼梯踏步上宜铺设预制混凝土面层；预制混凝土楼梯一般为板式楼梯。在设计时，通常以一条楼梯作为一个单元进行拆分。钢楼梯相对自重轻，一般带平台板拆分；混凝土楼梯自重较大，拆分时是否带有平台板应根据吊装能力确定。为减少混凝土楼梯刚度对主体结构受力的影响，装配式混凝土楼梯与主体钢结构通常采用柔性连接，楼梯和主体结构之间不传递水平力。钢楼梯由于其刚度较小，与主体结构的连接通常采用固定式。

（三）装配式钢框架结构的设计要点

装配式钢框架结构设计应满足现行国家标准。在设计中，为尽量减少工地现场的焊接工作量和湿作业，提高施工质量和装配程度，在符合规范的基础上结合新的研究成果，本书提出以下六个设计要点。

1. 梁柱节点的连接

为保证结构的抗侧移刚度，框架梁与钢柱通常做成刚连接，以满足强节点、弱杆件的设计要求；梁柱连接节点的承载力设计值，不应小于相连构件的承载力设计值；梁柱连接节点的极限承载力连接系数应大于构件的全塑性承载力。

考虑到建筑空间和使用要求，梁柱连接形式一般为内隔板式或贯通隔板式。内隔板式常用于焊接钢管柱，贯通隔板式则多用于成品钢管柱。在对节点区设置有横隔板的梁柱进行连接计算时，弯矩由梁翼缘和腹板受弯区的连接承受，剪力由腹板受取区的连接承受。工程中为满足节点计算的强连接要求，必要时梁柱宜采用加强型连接或骨式连接，以达到大震作用下梁先产生塑性铰，并控制梁端塑性铰的位置的目的，避免修点翼缘焊缝出现裂缝和脆性断裂。

隔板上浇筑孔的开设应根据其中是否浇筑混凝土而定。另外需要注意的是，与同一根柱相连的框架梁，在设计时应合理选择梁翼缘板的宽度和厚度。

梁柱连接采用梁翼缘与柱焊接，腹板与柱采用高强螺栓连接，是现阶段工程中最为常见的梁柱刚性连接方式。为减少现场的焊接工作量，避免焊接引起的热影响，当有可靠依据时，梁柱也可采用连接件加高强螺栓的全螺栓连接。如外套筒连接、外伸端板连接或短T型钢连接等，其中外套管连接应先将四块钢板围焊并与柱壁塞焊连接，再将梁柱通过高强螺栓和连接件连接，这种连接方式在工程中已有应用。外伸端板加劲连接是技术标准推荐的全螺栓节点连接。短T型钢加劲连接是刚度较大的全螺栓节点连接，连接本身不是连续的材料，在节点受力过程中，各单元之间会产生相互滑移和错动，打点连接的刚度、连接件厚度、柱壁厚度、高强螺栓直径和节点的加劲措施等因素都会影响连接效果。完全约束的刚性节点应满足连接刚度与梁刚度的比值不小于20，当节点连接的刚度不能满足刚性连接的刚度要求时，设计时应对半刚性螺栓连接节点预先确定连接的弯矩转角特性曲线，充分考虑连接变形带来的影响。同时，由于钢管柱为封闭截面，为实现螺栓的安装，必须在节点区域柱壁上预先开设直径较大的安装孔，待螺栓安装完毕后，再将安装孔补焊好。或者采用具有单侧安装、单边拧紧功能的单边螺栓，现阶段工程中应用较多的单边螺栓主要产自美国、英国和澳大利亚等国家。

梁柱节点连接的注意事项如下。

（1）抗侧移刚度。选择钢接的框架梁与钢柱，以确保梁柱节点具有足够的抗侧移刚度，增强结构的稳定性。

（2）承载力设计。确保梁柱连接节点的承载力设计值不小于相连构件的承载力设计值，以防止节点成为结构的弱点。

（3）极限承载力。在考虑梁柱连接节点的极限承载力时，要确保连接系数大于构件的全塑性承载力，以保障节点在极端情况下的安全性。

（4）连接形式选择。根据具体建筑空间情况和使用要求，选择内隔板式或贯通隔板式的梁柱连接形式，以满足结构的功能和性能需求。

（5）强连接要求。对于设置有横隔板的梁柱连接，需满足强连接要求，可考虑采用加强型连接或骨式连接，以提高连接的强度和稳定性。

（6）焊接工艺。若采用焊接的连接方式，需要注意焊接工艺的质量，确保焊缝牢固，避免因焊接不当导致的弱点和裂缝。

（7）螺栓连接。若采用螺栓的连接方式，要确保螺栓的规格和质量符合设计要求，并且连接应牢固可靠，以保证节点的整体稳定性。

（8）检测和验收。在施工过程中，对梁柱连接节点进行必要的检测和验收，确保连接质量符合设计标准，提高结构的安全性和可靠性。

（9）耐久性考虑。考虑梁柱连接节点在长期使用和环境作用下的耐久性，选择合适的材料和防腐措施，延长连接的使用寿命。

（10）设计变形。考虑梁柱连接节点在结构变形过程中的影响，确保连接不会对整体结构的变形产生不利影响，保持结构的稳定性和完整性。

2. 主次梁的连接

次梁与主梁之间一般采用铰接连接，即次梁与主梁仅通过腹板螺栓连接。当次梁跨度大、跨数较多或荷载较大时，为减少次梁的挠度，次梁与主梁宜采用栓焊刚性连接。次梁与主梁也可采用全螺栓连接。当主梁与次梁高度不同时，应采取措施保证次梁翼缘力的传递，如设置纵向加劲肋或设置变高度短牛腿；对于仅一侧设有刚接次梁的主梁，应增设一定的加劲肋来考虑次梁对主梁产生的扭转效应。对于两端钗接的钢次梁，设计时可考虑楼板的组合作用将次梁定义为组合梁，节省用钢。组合梁设计时应注意钢梁上翼缘栓钉的设计要求。

主次梁连接的注意事项如下。

（1）连接方式选择。选择适当的连接方式，通常次梁与主梁采用铰接连接。在具体情况下，可考虑栓焊刚性连接或全螺栓连接，根据结构设计和要求做出合理选择。

（2）铰接连接。对于铰接连接，应确保连接处能够满足结构的变形需求，以允许相对位移、减少梁柱节点产生的内力。

（3）全螺栓连接。若选择全螺栓连接方式，应确保螺栓的规格和质量符合设计标准，以保障连接的牢固性和稳定性。

（4）栓焊刚性连接。如果选择栓焊刚性连接，应确保焊接质量良好，焊缝充分牢固，以防止由于连接部位的弱点导致的结构问题。

（5）连接强度。应确保足够的连接强度，能够承受梁和次梁之间的荷载传递，以保证整个结构的稳定性和安全性。

（6）连接件质量。若采用连接件，要确保连接件的质量和性能符合设计和规范要求，以防止连接部位出现故障。

（7）结构变形考虑。考虑主次梁连接处在结构变形过程中的作用，应确保连接不会对整体结构的变形产生负面影响，保持结构的完整性和性能。

（8）施工质量控制。在施工过程中，应进行严格的质量控制，确保连接工作按照设计和规范进行，以减少施工误差、提高连接的可靠性。

（9）结构稳定性。主次梁连接的最终目标是确保主次梁连接的稳定性，以支撑整个结

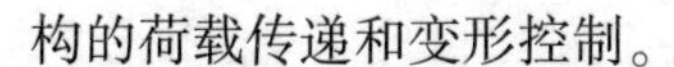

构的荷载传递和变形控制。

3. 楼板与钢梁的连接

为保证楼板的整体性和楼板与钢结构连接的可靠性，楼板与钢结构之间可以通过抗剪连接件进行连接。当梁两侧的楼板标高不一致、需要降板处理时，可在降板一侧的梁腹板上焊接角钢。

楼板与钢梁连接的注意事项如下。

（1）抗剪连接件的选择。使用适当的抗剪连接件，确保连接的牢固性和整体性，有助于避免楼板与钢梁之间的滑移和剪力失效。

（2）连接可靠性。确保连接可靠，能够承受楼板和钢梁之间的荷载传递，维持结构的稳定性。

（3）楼板整体性。结构设计应确保连接方式不会损害楼板的整体性。连接点应考虑楼板的受力情况，以确保楼板在使用期间不会发生裂缝或变形。

（4）抗剪连接件的设计。抗剪连接件的设计应符合相关标准和规范，以确保其具有足够的强度和刚度，能够满足楼板和钢梁的连接要求。

（5）结构变形考虑。考虑楼板与钢梁连接处在结构变形过程中的作用，以保持连接的稳定性，不会对整体结构的变形产生不良影响。

（6）降板处理。在降板处理时，需根据结构和设计要求选择适当的连接方式。可在梁腹板上焊接角钢等支撑结构，确保连接的可靠性。

（7）焊接质量。如果采用焊接连接方式，应确保焊接质量良好、焊缝牢固，以避免由于焊接不当而引起的连接问题。

（8）结构协调。连接应构造合理、传力明确，需考虑与主体结构的协调变形能力，确保整个结构在荷载作用下的协同工作。

（9）检测和验收。在施工过程中应进行必要的检测和验收，以确保连接的质量符合设计标准，提高结构的安全性和可靠性。

（10）防腐处理。如果连接涉及到外部环境，应采取适当的防腐处理措施，以延长连接的使用寿命。

4. 钢柱与基础的连接

抗震设防烈度为 6、7 度地区的多层钢框架结构，在采用独立基础时，结构柱脚的设计一般选择外包式钢接柱脚。当基础埋置深度较浅时，钢柱宜直接落在基础顶面，基础顶面至室外地面的高度应为钢柱截面高度的 2.5 倍；当基础埋置深度较深时，为节约用钢量，可将基础顶面做成高承台的高钢柱与承台的连接位置。外包式钢柱脚锚应固定在基础平台上，基础承台的设计应满足刚度和平面尺寸的要求，承台柱抗侧刚度应不小于钢柱的2倍，钢柱底板边与承台边的距离应不小于100 mm。

钢柱与基础连接的注意事项如下。

（1）抗震设计。钢柱与基础连接的设计应符合抗震设计的要求，尤其在地震频发地区，应确保连接能够有效吸收和分散地震引起的力。

（2）外包式钢接柱脚。在抗震设防为6、7度地区的多层钢框架结构中，常采用外包式钢接柱脚，确保连接的稳定性。

（3）底板边距。应确保钢柱底板边距承台边的距离不小于规定的数值，以确保连接的强度和稳定性。

（4）连接部位防腐。应采取防腐措施，特别是连接部位容易受到湿度和腐蚀的情况下，以延长连接的使用寿命。

（5）连接部位检测。在施工阶段应对连接部位进行检测，确保连接的质量符合设计标准，提高结构的安全性。

（6）螺栓规格。如果连接采用螺栓，应确保螺栓的规格和质量符合设计要求，以保障连接的可靠性。

（7）锚固深度。应确保锚固深度满足设计要求，以提供足够的摩擦和抗拉强度，保证连接的稳定性。

（8）基础设计承载力。钢柱与基础连接的设计承载力不应小于结构需要的承载力，以确保连接能够承受相应的荷载。

（9）质量控制。应在连接过程中进行质量控制，确保连接工作按照设计和规范进行，减少施工误差，提高连接的可靠性。

（10）变形控制。考虑连接处在结构变形过程中的作用，应采取措施确保连接不会对整体结构的变形产生不良影响，维持结构的稳定性。

5. 外墙板与主体结构的连接

外墙板与主体结构的连接应符合构造合理、传力明确、连接可靠的原则，并具有一定的变形能力，能和主体结构的层间变形相协调，不能因为层间变形而发生连接部位的损坏和失效。

预制混凝土夹心保温外墙板与主体结构一般采用外挂柔性连接，常用的外挂柔性连接方式一般为四点支承连接（包括上承式和下承式），连接件的设计应综合考虑外墙板的形状、尺寸以及主体结构层间位移量等因素。预制混凝土夹心保温板的具体连接构造多由生产企业自主研发，各有不同。现有的国家规范和图集还未给出统一的构造措施。

蒸压加气混凝土外墙板与主体结构的连接可采用外挂式、内嵌式和内嵌外挂组合式等。一般来说，外挂式传力明确，保温系统完整闭合；内嵌式能最大限度地减少钢框架露梁、露柱的缺点，但需要处理钢梁柱的冷（热）桥问题。

外墙板与主体结构连接的注意事项如下。

（1）合理构造。应确保连接方式构造合理，传力明确，以满足外墙板和主体结构之间的功能和荷载要求。

（2）连接可靠性。连接应确保可靠，能够承受外墙板自身重量和外部荷载，维持外墙结构的整体稳定性。

（3）协调变形能力。应考虑连接与主体结构的协调变形能力，确保外墙板的变形不会对整个结构产生不利影响。

（4）传力途径。应确保传力途径清晰，避免出现局部集中应力，以防止结构的破坏和变形。

（5）外挂柔性连接。如果使用外挂柔性连接，应选择适当的连接方式，以满足预制混凝土夹心保温外墙板的形状和尺寸。

（6）连接件选用。应选择合适的连接件，确保其质量和性能符合设计和规范的要求。

（7）传力明确。应确保连接传力明确，不产生不必要的局部应力，从而保证外墙板的安全性。

（8）变形缝的设置。考虑结构变形，在需要的情况下设置变形缝，以减缓外墙板和主体结构之间的相对变形。

（9）预防腐蚀。如果连接涉及到外部环境，应采取适当的防腐蚀措施，以延长连接的使用寿命。

（10）检测和验收。在施工过程中应进行必要的检测和验收，以确保连接的质量符合设计标准，提高结构的安全性和可靠性。

6. 预制阳台板、空调板与主体结构的连接

基于钢结构构件装配连接的特点，可以很方便地实现悬挑次梁、主梁和钢柱的刚性连接，因此在钢结构建筑中，阳台板一般可与楼板同时铺设施工，无须预制。当采用预制阳台板时，与预制空调板类似，先将预烧钢筋与主体结构的楼板钢筋绑扎连接或焊接连接，然后浇筑混凝土与主体结构二者即可连为整体。

预制阳台板、空调板与主体结构连接的注意事项如下。

（1）连接方式选择。应选择适当的连接方式，如预烧钢筋与主体结构的楼板钢筋绑扎连接或焊接连接，然后浇筑混凝土使其连为整体。

（2）连接牢固性。应确保连接处牢固可靠，能够承受阳台板、空调板自身荷载以及外部荷载，以维持结构的整体稳定性。

（3）预制构件质量。预制阳台板、空调板的质量应符合设计和规范的要求，以确保连接的可靠性和耐久性。

（4）连接处防水处理。应在连接处采取防水措施，特别是阳台板连接，以防止水分渗透对连接处产生不利影响。

（5）预制构件间的配合。应确保预制阳台板、空调板与主体结构之间的配合，以满足结构的变形和变化，避免出现裂缝或变形。

（6）焊接质量。如果采用焊接连接方式，焊接质量应符合标准，确保焊接强度和连接的可靠性。

（7）楼板钢筋设置。在主体结构的楼板中应设置足够的钢筋，以支撑和传递阳台板、空调板的荷载，确保连接的强度。

（8）构件预埋件设置。针对连接处，可能需要在主体结构中预留适当的预埋件，以方便后期连接预制构件。

（9）耐久性考虑。在设计中应考虑连接的耐久性，选择合适的材料和防腐措施，以延长连接的使用寿命。

（10）变形缝的设置。应考虑结构变形，在需要的情况下设置变形缝，以减缓预制阳台板、空调板和主体结构之间的相对变形。

二、装配式钢框架-支撑（延性墙板）结构体系

钢框架-支撑（延性墙板）体系是指沿结构的纵、横两个方向或者其他主轴方向，根据侧力的大小，布置一定数量的竖向支撑（延性墙板）所形成的结构体系。

（一）钢框架-支撑结构体系

钢框架-支撑结构的支撑在设计中可采用中心支撑、屈曲约束支撑和偏心支撑。

1. 中心支撑

中心支撑的布置方式主要有十字交叉斜杆、人字形斜杆、V 字形斜杆和成对布置的单斜杆支撑等。K 字形支撑在抗震区会使柱承受较大水平力，应尽量避免使用。

中心支撑体系刚度较大，但在水平地震作用下，支撑斜杆会受压导致结构的刚度和承载力降低。并且，在反复荷载作用下，内力在受压受拉两种状态下往复变化，耗能能力较

差。因此，中心支撑一般适用于抗震等级为 3、4 级且高度不超过 50 m 的建筑。

2. 屈曲约束支撑

屈曲约束支撑的布置原则同中心支撑的布置原则类似，但能有效提高中心支撑的耗能能力。

屈曲约束支撑的构造主要由核心单元、无黏结约束层和约束单元三部分组成。核心单元是屈曲约束支撑中的主要受力构件，一般采用延性较好的低屈服点钢材制成，约束单元和无黏结约束层的设置可有效约束支撑核心单元的受压屈曲，使核心单元在受拉和受压作用力下均能进入屈服状态。在多遇地震或风荷载作用下，屈曲约束支撑处于弹性工作阶段，能为结构提供较大的侧移刚度。在设防烈度与罕遇地震作用下，屈曲约束支撑处于弹塑性工作阶段，具有良好的变形能力和耗能能力，能对主体结构起到保护作用。

3. 偏心支撑

偏心支撑的布置方式主要有单斜杆式、V 字形、人字形和门架式等。偏心支榨的支撑斜杆至少有一端与梁连接，并形成消能梁段。在地震作用下，采用偏心支撑能改变支撑斜杆与梁段的屈服顺序，利用消能梁段的先行屈服和耗能来保护支撑斜杆不发生受压屈曲，从而使结构具有良好的抗震性能。高度超过 50 m 以及抗震等级为 3 级的建筑宜采用偏心支撑。

（二）钢框架-延性墙板结构体系

钢框架-延性墙板结构体系中的延性墙板，指钢板剪力墙和内藏钢板支撑的剪力墙等。

1. 钢板剪力墙

钢板剪力墙是以钢板为材料，填充于框架中承受水平剪力的墙体。根据其构造，可以分为非加劲钢板剪力墙、加劲钢板剪力墙、防屈曲钢板剪力墙以及双钢板组合剪力墙等。非加劲钢板剪力墙在设计时，可利用钢板屈曲后的强度来承担曲力，但钢板的屈曲会造成钢板墙的鼓曲变形，且在反复荷载作用下鼓曲变形的发生及变形方向的转换将伴随着明显的响声，影响建筑的使用功能。因此，非加劲钢板剪力墙主要应用在抗震及抗震等级为 4 级的高层民用建筑中。设防烈度为 7 度及以上的抗震建筑，通常在钢板的两侧应采取一定的防屈曲措施，来增加钢板的稳定性和刚度。如在钢板的两侧设置纵向或横向的加劲肋形成加劲钢板剪力墙，或在钢板的两侧设置预制混凝土板形成防屈曲钢板剪力墙。

在加劲钢板剪力墙中，加劲肋的布置方式主要取决于荷载的作用方式，其中水平和竖向加劲肋混合布置、使剪力墙的钢板区格宽高比接近于 1 的方式较为常见。当有多道竖向加劲肋或水平向和竖向加劲肋混合布置时，考虑到竖向加劲肋需要为拉力带提供锚固刚度，宜将竖向加劲肋通长布置。防屈曲钢板剪力墙中预制混凝土板的设置，除了能向钢板提供额外约束外，还可以消除纯钢板墙在水平荷载作用下产生的噪声。

设计时，预制混凝土板与钢板剪力墙之间应按无黏结作用考虑，不考虑其对钢板抗侧力刚度和承载力的贡献。为了避免混凝土板过早发生挤压破坏、提高防屈曲钢板剪力墙的变形耗能能力，混凝土板与外围框架之间应预留一定的空隙，预制混凝土板与内嵌钢板之间多通过对拉螺栓连接。螺栓的最大间距和混凝土板的最小厚度是确定防屈曲钢板剪力墙承载性能的主要参数。设计时，相邻螺栓中心距离与内嵌钢板厚度的比值不宜超过 100；单侧混凝土盖板的厚度不宜小于 100 mm，以确保足够的刚度向钢板提供持续的额外约束。

双钢板混凝土结合剪力墙是由两侧外包钢板、中间内填混凝土和连接件组合成整体，共同承担水平及竖向荷载的双钢板组合墙，钢板内混凝土的填充和连接件的拉结，能有效约束钢板的屈曲，同时钢板和连接件对内填混凝土的约束又能增强混凝土的强度和延性，使双钢板组合剪力墙具有承载力高、刚度大、延性好、抗震性能良好等优点。双钢板混凝土组合墙中连接件的设置，对保证外包钢板与内填混凝土的协同工作和组合墙的受力性能，具有至关重要的作用。

2. 内藏钢板支撑的剪力墙

内藏钢板支撑的剪力墙是以钢板支撑为主要抗侧力构件，外包钢筋混凝土墙板。混凝土墙板的设置主要用来约束内藏的钢板支撑。提高内藏钢板支撑的屈曲能力，从而提高钢板支撑抵抗水平荷载作用的能力，改善结构体系的抗震性能。

设计时，支撑钢板与墙板间应留置适宜的间隙。沿支撑轴向，在钢板和墙板壁之间的间隙内均匀地设置无黏结材料。混凝土墙板设计时，不考虑其承担竖向荷载，因此其与周边框架仅在钢板支撑的上下端节点处与钢框架梁相连，其他部位与钢框架梁柱不相连，并且与周边框架梁柱间还应留有空隙。由于空隙的存在，小震作用下，混凝土板不参与受力，只有钢板支撑承担水平荷载，混凝土板只起抑制钢板支撑面外屈曲的作用；大震作用下，结构发生较大变形，混凝土板开始与外围框架接触，随着接触面的加大，混凝土板逐渐参与承担水平荷载作用，起到抗震耗能的作用，从而提高整体结构的抗震安全储备。设计时，墙板与框架间的间隙量应根据墙板的连接构造和施工等因素综合确定，最小的间隙应满足层间位移角达 1/50 时。墙板与框架在平面内不发生碰撞，墙板四周与框架之间的间隙宜用隔音的弹性绝缘材料填充，并用轻型金属架及耐火板材覆盖。

第二节　装配式钢结构设计及其应用范围

一、装配式钢结构建筑设计

“钢结构在当前的建筑工程施工过程中的逐步应用，使得对于该结构的施工技术水平有了较大程度的提升，同时也取得了较多的工程实践经验和成果。结构设计是钢结构设计中必不可少的部分，设计质量决定着建筑的安全性。”①

（一）装配式钢结构建筑设计要点

1. 集成化设计

通过方案比较，做出集成化安排，确定预制部品部件的范围，进行设计或选型；做好集成式部品部件的接口或连接设计。

2. 协同设计

由设计负责人（主要是建筑师）组织设计团队进行统筹设计，在建筑、结构、装修、给水排水、暖通空调、电气、智能化和燃气等专业之间进行协同设计。设计过程需要与钢结构构件制作厂家、其他部品部件制作厂家、工程施工企业进行互动和协同。按照相关国家标准的规定，装配式建筑须进行全装修，装修设计也须与其他专业同期进行并做好协同。

3. 模数协调

装配式钢结构设计的模数协调包括确定建筑开间、进深、层高、洞口等的优先尺寸，确定水平和竖向模数，扩大并确定公差，按照确定的模数进行布置与设计。

4. 标准化设计

对进行具体工程设计的设计师而言，标准化设计主要是指选用现成的标准图、标准节点和标准部品部件。

5. 建筑性能设计

建筑性能包括适用性能、安全性能、环境性能、经济性能和耐久性能等。对钢结构建

① 黄小媚，曾挺晟．钢结构建筑设计［J］．城市建设理论研究（电子版），2016，6（2）：31.

筑而言，最重要的性能包括防火、防锈蚀、隔声、保温、防渗漏和保证楼盖舒适度等。装配式结构建筑的建筑性能设计依据与普通钢结构建筑一样，在具体设计方面，需要考虑装配式建筑集成部品部件及其连接节点与接口的特点和要求。

6. 外围护系统设计

外围护系统设计是装配式钢结构建筑设计的重点环节。确定外围护系统，需要在方案比较和设计上格外下功夫。

7. 其他建筑构造设计

装配式钢结构建筑，特别是住宅的建筑与装修构造设计，对使用功能、舒适度、美观度、施工效率和成本影响较大，如钢结构隔声问题（柱、梁构件的空腔须通过填充、包裹与装修等措施阻断声桥）、隔墙开裂问题（隔墙与主体结构宜采用脱开的连接方法）等。

8. 选用绿色建材

装配式建筑需要选用绿色建材和绿色建材制作的部品部件。

（二）建筑平面与空间

装配式钢结构建筑的建筑平面与空间设计应符合以下要求。

第一，应满足结构构件布置、立面基本元素组合及可实施性的要求。

第二，应采用大开间、大进深、空间灵活可变的结构布置方式。

第三，平面设计需要符合三项规定：①结构柱网布置、抗侧力构件布置、次梁布置应与功能空间布局及门窗洞口协调；②平面几何形状宜规则平整，并宜以连续柱跨为基础布置，柱距尺寸应按模数统一；③设备管井应与楼电梯结合，集中设置。

第四，立面设计应符合两项要求：①外墙、阳台板、空调板、外窗、遮阳设施及装饰等部品部件应进行标准化设计；②通过建筑体量、材质肌理、色彩等变化，形成丰富的立面效果。

第五，需要根据建筑功能、主体结构、设备管线及装修要求，确定合理的层高及净高尺寸。

（三）建筑形体与建筑风格

在人们的印象中，相对简洁的造型加上玻璃幕墙表皮是钢结构建筑的“标配”。纽约世贸中心曼哈顿自由塔就是这种建筑风格的典型代表。日本大阪火车站大型商业综合体使用了钢结构建筑与预制混凝土石材反打外挂墙板，显现了钢结构建筑的另一种沉稳风格。

钢结构在实现复杂建筑形体方面有着非常大的优势。对于毫无规律可言的作品，钢结构可以应对自如。对于复杂造型，可先在主体结构扩展出二次结构作为建筑表皮的支座，再将三维数字化技术应用在设计、制作与安装过程中。

二、钢结构应用范围

钢结构在建筑工程中具有强度高、自重轻、韧性好、塑性好、抗震性能优越、便于生产加工和施工快速等优点。这些特性使得钢结构能够在不同类型的建筑和构筑物中得到广泛应用，并且为设计师和工程师提供了更大的灵活性和创造力。

（一）大跨度结构

钢结构的轻质、高强特性使其非常适用于大跨度结构，例如体育场馆、会展中心、候车厅和机场航站楼等。由于钢材具有较高的强度和刚性，可以支撑较大跨度，使得这些大型建筑能够在没有中间支撑的情况下得以实现。

（二）工业厂房

钢结构常用于吊车起重量大或工作较繁重的工业厂房。钢材的强度和耐久性使其能够承受重型设备的负荷。钢结构还能很好地抵御辐射热，因此在需要防辐射热的工作环境中也经常被使用。

（三）多层、高层以及超高层建筑

近年来，不同形式的钢结构被广泛应用于多层、高层民用建筑中，主要有多层框架、框架-支撑结构、框架结构和巨型框架等。钢结构的高强度和小自重使其能够满足高层建筑对结构强度和稳定性的要求。

（四）高耸结构

钢结构也适用于高耸结构，如高压输电线路的塔架，广播、通信和电视信号发射塔架，以及火箭发射塔架等。钢材的高强度和抗拉性能使其足以承受高耸结构的巨大压力和振动。

（五）可拆卸结构

钢结构适用于需要搬迁的结构，如建筑工地、油田和野外作业的生产、生活用房骨架，以及施工模板、支架和脚手架等。由于钢结构可以拆卸和重装，以上结构能够在需要时快速搬迁和重新组装。

（六）轻型钢结构

相对于混凝土结构，钢结构的重量较轻，因此适用于大跨度和屋面活荷载较轻的小跨结构。冷弯薄壁型钢屋架比钢筋混凝土屋架用钢量更少，同时具有较好的强度和稳定性。

（七）其他构筑物

钢结构还广泛应用于其他类型的构筑物，如皮带通廊栈桥、管道支架、锅炉支架、海上采油平台等。钢结构的高强度和抗腐蚀性使其能够适应各种特殊环境和工况。

第三节　装配式钢结构构件生产与运输管理

“制造业是国民经济的主体，是一个城市发展的支柱和源泉，也是提升工业核心竞争力的重要支撑和引擎。而生产与运输是制造型企业的重要环节，两者是影响企业生产管理效率的重要因素，协同调度的优化对企业提高生产决策准确性、增加企业经济效益具有积极意义，同时也为制造型企业的转型指明了方向。”①

一、装配式钢结构构件的生产

（一）生产工艺分类

装配式钢结构建筑的制作工艺、自动化程度和生产组织方式各不相同。总体而言，可以将装配式钢结构建筑的构件制作方式分为以下类型。

第一种是普通钢结构构件制作。这种制作方式主要涉及生产钢柱、钢梁、支撑、墙板、桁架和钢结构配件等。通过精确的工艺流程和技术手段，可以高效地进行制作。

第二种是压型钢板及其复合板制作。这种制作方式主要涉及生产压型钢板、钢筋桁架楼承板、压型钢板-保温复合墙板以及屋面板等。这些板材具有多功能性，结构坚固，并

① 郑喜，马嘉蔚，傅文文，等．不确定环境下单机器生产与运输协同调度研究［J］．福建质量管理，2019（22）：150.

且可以与其他材料复合，从而提供更好的保温和结构性能。

第三种是网架结构构件制作。这种制作方式主要包括平面或曲面网架结构的杆件和连接件，用于搭建复杂而稳定的网架结构，提供广阔的空间和创意设计的自由度。

第四种是集成式低层钢结构建筑制作。在这种制作方式中，各个系统（包括建筑结构、外围护、内装和设备管线系统）的部品和零配件都被生产集约化。这种集成化的制作方式能够提高建筑的整体质量和施工效率。

第五种是低层冷弯薄壁型钢建筑制作。这种方式主要用于生产低层冷弯薄壁型钢建筑的结构系统和外围护系统的部品和组件，通常适用于低层建筑，具有重量轻、强度高、施工快等优点，能够满足快速建设和可持续发展的需求。

（二）一般钢结构构件制作内容

1. 钢材切割

钢材切割是钢材加工中的常见步骤之一。选择适当的切割方法，对于确保切割质量和效率至关重要。常用的切割方法包括机械切割、气割和等离子切割。在选择切割方法时，需要考虑钢材的截面形状、厚度以及对切割边缘质量的要求。

机械切割是一种常见切割方法，包括多种工具和机械设备。使用带锯机床、砂轮锯、无齿锯、卯切机和型钢冲切机等都属于机械切割的范畴。各种机械切割方法适用于不同类型和尺寸的钢材，各自具有一些独特的优点和限制。例如，带锯机床适用于切割较大尺寸的钢材，而砂轮锯则适用于切割较薄的钢板。

气割是一种常用的热切割方法。它利用氧气与燃料的燃烧产生高温，将钢材熔化，并通过喷射压力将熔渣吹走，从而实现切割。气割适用于多种材料，如纯铁、低碳钢、中碳钢和普通低合金钢等。在气割过程中，需要注意燃气的选择和供给，以及气割火焰的调节，以确保切割质量。

气割有多种不同类型的设备可供选择。手工气割、半自动气割、仿形气割、多头气割、数控气割和光电跟踪气割等都是常见的气割设备。这些设备具有不同特点，如灵活性、低成本和高切割精度，可根据具体需求进行选择。等离子切割是一种高效率的高温切割过程，利用电弧放电产生等离子体，等离子体将气体加热到高温并形成离子流，然后利用离子流的能量来切割和融化材料。等离子切割适用于多种类型的金属和导电材料，包括钢铁、铝、铜等。由于等离子体产生的高温，等离子切割可以处理较厚的材料，且在切割过程中产生的热影响区较小，具有较高的切割速度。切割头的调整是确保切割深度和角度精度的关键步骤，操作过程中应定期检查和调整。等离子切割的切割边缘通常相对比较粗糙，可能需要二次加工来提高表面质量。在精度要求高的应用中需要额外的处理步骤。使用不同的切割气体（如氮气、氧气、空气）会影响切割速度、切口质量和材料适用性，因此需要根据具体要求选择适当的气体。控制气体的压力和流量对实现良好的切割效果至关重要，根据材料类型和厚度可以进行调整。等离子切割过程中会产生高温和火花，需要采取适当的安全措施，包括穿戴防护服、使用防护眼镜和保持工作区域通风。

在完成切割后，对切割面进行质量检查非常重要。对切割面应进行全面检查，以确保没有裂纹、夹渣、分层以及大于 1 mm 的缺棱。常用的检查方法包括观测、放大镜、百分尺以及渗透、磁粉或超声波探伤检查。

2. 钢材冲裁

在成批生产构件或定型产品时，应优先考虑采用冲裁下料法，以提高生产效率、确保产品质量。冲床是常用的工具，其中包括曲轴冲床和偏心冲床。选择冲床时，须根据技术参数进行评估。

3. 钢材成形加工

钢结构制作中的成形加工主要包括弯曲、卷板（滚圆）、边缘加工、折边和模具压制五种方法。其中，弯曲、卷板（滚圆）和模具压制等工序涉及到热加工和冷加工。

在钢材加工中，热加工是将钢材加热到一定温度后进行加工的方法。常见的加热方式包括乙烷火焰局部加热和工业炉内加热。这种方法可以使钢材更容易塑性变形，有助于加工过程中的形状调整和成形。

与热加工相对应的是冷加工，它是在常温下进行的加工方式。常见的冷加工项目包括剪切、铲、刨、碾、压、冲、钻、撑、敲等工序，需要利用机械设备和专用工具进行操作。冷加工分为两种基本类型：一种是外力作用超过材料屈服强度而小于极限强度，使钢材产生永久变形；另一种是外力作用超过材料极限强度，导致钢材断裂。

弯曲加工是一种根据构件形状需求，利用加工设备、工具和模具将板材或型钢弯曲成特定形状的工艺方法。根据加工方法的不同，弯曲加工可以分为压弯、滚弯和拉弯三种。压弯适用于直角弯曲和双直角弯曲等构件；滚弯适用于滚制圆筒形和弧形构件；拉弯主要用于拉制不同曲率的弧形构件。此外，根据加热程度的不同，弯曲加工也可以分为冷弯和热弯两种。冷弯适用于一般薄板和型钢的加工，而热弯适用于厚板和复杂形状的构件、型钢的加工。热弯需要先将钢材加热，然后在模具上进行弯制，以便更好地塑性变形和形状调整。

卷板加工是一种利用外力使钢板产生弯曲变形的方法，主要分为冷卷、热卷和温卷三种方式。在进行冷卷之前，必须清除钢板表面的氧化皮，并涂上保护涂料，以防止氧化皮的生成。而在热卷的过程中，应该采用中性火焰和防氧涂料，以减少氧化皮的形成。

为了确保卷板设备的正常运行，必须保持设备的清洁，轴辗表面不能有锈皮、毛刺、棱角或其他硬性颗粒的存在。在进行卷制之前，钢板需要进行预弯处理，以减少焊接应力和设备负荷。此外，在卷板过程中，还需要确保板料保持对中，使其纵向中心线与轴线平行，防止产生歪扭。

对于非铁金属、不锈钢和精密板料的卷制，最好使用专门的设备，并且需要注意保护工作表面，以防损坏。此外，还需要采用边缘加工方法来保证焊缝质量、工艺性和装配准确性，具体包括铲边、刨边、铣边和碳弧刨边。

边缘加工是在材料的边缘进行处理和改进，以提高被加工材料的质量、精度和功能。这种加工可以应用于各种材料，包括金属、塑料、木材等。常见的边缘加工方法和注意事项主要包括以下几项。①切割：使用不同类型的切割工具，如锯、割刀、切割机等，对材料的边缘进行切割。这有助于获得所需的形状和尺寸。②倒角：进行倒角处理，即在边缘的角部分削除材料，使其变为斜面，减少边缘的锋利度，有助于提高安全性。③磨削：使用磨削工具，如砂轮、磨床，对边缘进行磨削，以获得平滑、精细的表面，可以提高材料表面质量和精度。在进行边缘加工时，应采取适当的安全措施，如佩戴防护眼镜、手套等，以防止人员受伤或暴露于有害物质中。

折边是一种将构件边缘压弯成倾角或特定形状的方法，用于提高薄板构件的强度和刚度。

模具压制是一种利用模具在压力设备上压制钢材成形的工艺方法，主要分为简易模、连续模和复合模三种形式。

(三) 其他制作工艺简述

1. 压型钢板、复合板制作工艺

压型钢板、复合板和钢筋桁架楼承板均采用自动化加工设备生产。

2. 网架结构构件制作工艺

网架结构构件主要包括钢管、钢球和高强螺栓等，工艺原理与普通构件制作一样，但尺寸要求精度更高一些。钢球的制作流程为：圆钢下料——钢球切压——球体锻造——工艺孔加工——螺栓孔加工——标记——除锈——油漆涂装。

3. 集成式低层钢结构别墅制作工艺

集成式低层钢结构别墅制作工艺的自动化程度非常高，从型钢剪裁、焊接连接到镀层，全部在自动化生产线上进行。

二、装配式钢结构构件的运输

（一）钢结构构件成品保护

钢结构构件在出厂后，需要进行成品保护，具体包括在堆放、运输和吊装过程中采取的相应措施。以下是操作要点。

第一，经过构件的合格检验后，成品应被堆放在构件堆场的指定位置。在构件堆场需要具备良好的排水系统，防止积水对构件的腐蚀。

第二，在放置构件时，应在构件下方放置一定数量的垫木，禁止构件直接接触地面，同时采取防滑和防滚措施，如放置止滑块等。如需要重叠放置构件，应在构件之间放置垫木或橡胶垫，以防止构件之间发生碰撞。

第三，放置好构件后，需要在其周围设置警示标志，以防止其他吊装作业对该构件造成伤害。针对本工程的零件和散件等，应设计专用的箱子进行存放，确保安全。在整个运输过程中，为避免涂层损坏，需要在构件的绑扎或固定处使用软性材料进行衬垫保护，以防止尖锐物体的碰撞或摩擦。

第四，在拼装和安装作业中，应避免碰撞和重击，尽量减少现场辅助焊接。可以采用捆绑、抱箍等临时措施，以确保构件安全。

以上措施将确保钢结构构件在堆放、运输和吊装过程中得到适当的成品保护，减少可能的损伤，从而确保工程的顺利进行。

（二）钢结构构件搬运、存放

1. 部品部件堆放应符合的规定

为确保构件在堆放、运输和吊装过程中的安全，需要注意以下两点。

（1）堆场应平整、坚实，并按照零部件的保管技术要求，采取相应的防雨、防潮、防暴晒、防污染和排水等措施。

（2）构件的支垫应坚实，垫块的位置应与脱模和吊装时的起吊位置一致，以确保构件的平稳放置和吊装过程的安全稳定。

在重叠堆放构件时，每层构件之间的垫块应该上下对齐，堆垛的层数应根据构件和垫块的承载力来确定，并且采取相应的措施，防止堆垛倾覆。

通过以上措施，可以有效地保证构件在堆放、运输和吊装过程中的安全性和稳定性，

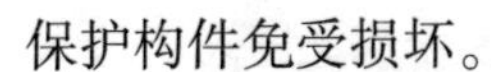

保护构件免受损坏。

2. 墙板运输与堆放应符合的规定

（1）如果选择靠放架进行堆放或运输，需要确保靠放架具备足够的强度和刚性，并且与地面形成大于80°的倾斜角。为了保护墙板，需要将其对称地放置，外饰面朝向外侧，而且应在墙板的上部使用木垫块进行分隔。在运输过程中，必须确保墙板被牢固地固定住，防止晃动和移位。

（2）如果选择插放架进行堆放或运输，墙板应垂直插入插放架中，插放架需要具备足够的强度和刚性，并且必须确保支撑垫稳固可靠，以保证墙板的安全。

（3）如果选择叠层平放的方式进行堆放或运输，每层之间必须放置适当的保护材料，防止墙板之间的摩擦和碰撞。另外，还应确保堆放的稳定性，防止塌陷或倾斜。通过这些预防措施，可以最大限度地降低墙板在堆放或运输过程中的损坏风险。

（三）钢结构构件运输

为避免部品和部件在运输和堆放过程中变形或受到损坏，必须在出厂前进行合理的包装。特别是对于超高、超宽或形状特殊的大型构件，需要制定专门的方案。选择运输车辆时必须考虑部品和部件的尺寸、重量等要求。

在装卸和运输过程中，必须遵守以下三项规定：

第一，采取平衡车体的措施，以确保装卸时车辆保持平衡。

第二，采取固定措施，防止构件在装卸和运输过程中的移动、倾倒或变形。

第三，采取保护措施，防止部品和部件在运输过程中损坏。对于构件的边角部位或链索接触处，需要设置保护衬垫。

由于运输条件和现场安装条件的限制，大型钢结构构件无法整体出厂，必须分成单元进行运输，然后在施工现场将各个单元组装成整体。在制造厂内，构件被分成单元进行制造，并进行必要的试组装。既能减少现场安装误差，也能保证施工进度。

钢结构构件有以下两种运输形式。

1. 总体制造，单元拆分运输

由于现场安装条件或吊装能力限制的情况，需要将钢构件分段或分块运输至施工现场。具体操作过程是：在工厂整体制作和检验合格后，再根据现场情况分段或分块拆开。为保证在现场工作条件下能够正确组装，各拆分钢构件必须进行接口和指向标记。尤其要注意避免现场仰焊，必要时建议重新设计接头形式。

为避免自重变形对安装产生影响，预组装合格的各单元结构构件需要设置临时撑件进行局部加固。这些临时撑件在总体钢结构安装完成后将被拆除。

2. 分段制造，分段运输

对于某些大型多单元钢结构，例如框架、空间结构和工业厂房等，无法在工厂进行完整的试组装，可以在工厂分单元或分段制造，关键点是加工精度、现场安装可行性以及连接孔互通性。为保证现场安装质量，各部件应有安装标记，能够自由拆装。

通过将总体制造拆分成单元运输和分段制造分段运输的方式，钢结构在工厂和现场之间能够更高效地组装，既克服了现场安装条件的限制，又保证了制造和安装质量，还提高了钢结构的施工效率和整体性能。

钢结构构件制作质量控制的要点包括以下九点：

（1）对钢材、焊接材料等进行检查验收。

（2）控制剪裁、加工精度，构件尺寸误差应在允许范围内。

（3）控制孔眼位置与尺寸误差在允许范围内。

（4）对构件变形进行矫正。

（5）控制焊接质量。

（6）第一个构件检查验收合格后，生产线才能开始批量生产。

（7）保证除锈质量。

（8）保证防腐涂层的厚度与均匀度。

（9）搬运、堆放和运输环节应防止磕碰。

第四节　装配式钢结构施工方法与质量控制

一、钢结构基本施工方法

钢结构构件是由钢板、角钢、槽钢和工字钢等零件或部件通过连接件连接而成的能承受和传递荷载的钢结构基本单元，如钢梁、钢柱、支撑等。钢结构的基本施工方法包括生产前准备、放样、号料、切割、矫正、边缘加工。

（一）生产前准备

1. 详图设计

设计院提供的设计图，一般不能直接用于加工制作钢结构。加工单位需要在原设计图的基础上，综合考虑公差配合、加工余量、焊接控制等加工工艺因素，绘制加工制作图，也称为“施工详图”。

设计人员根据施工详图所提供的构件布置、构件截面与内力、主要节点构造以及相关的数据、技术要求、图纸和规范的规定，进行构件构造的设计。同时，结合生产单位的生产条件、现场的施工条件、运输要求、吊装能力和安装条件，确定构件的分段。

施工详图会将构件的整体形式、梁柱的布置、构件中各零件的尺寸和要求、焊接工艺要求以及零件间的连接方法等详细地体现在图纸上。从而使制作和安装人员能够清楚地理解设计意图和要求，以确保能够准确地制作和安装构件。

施工详图能够有效地传达设计意图，保证钢结构的制造和安装能够按照设计要求的准确实施，从而保证工程的顺利进行。

施工详图设计可通过计算机辅助实现，目前使用的主流软件有 CAD、PKPM 以及 TeklaStructures 等。其中，TeklaStruclures 因为具备交互式建模、自动出图和自动生成各种报表等功能，应用越来越广泛。计算机辅助设计，可以实现详图设计与加工制作的一体化，最终达到设计、生产的无纸化。随着设计软件的不断发展和生产线上数控设备的增多，将设计的电子图纸转换成数控加工设备所需的文件会越来越方便，从而推进钢结构设计与加工自动化进程。

2. 审核和技术交底

施工详图在审核和技术交底时，为确保项目的成功进行、避免潜在问题的出现，应注意以下重点。

首先，一旦甲方委托或本单位设计的施工详图进入签订生产合同的环节，专业人员必须认真审核。审核的内容包括确认设计文件的完整性，检查构件尺寸和结点的标注，验证构件数量和连接形式，评估设备和技术条件是否满足要求。各项内容都应符合标准化的国家规定。在图纸的审核过程中，应及时发现并反映施工详图标注不清的问题，以便设计部门及时解决，避免给生产带来困难。

完成图纸审核后，设计人员还需要做好技术交底的准备工作。包括对构件尺寸的考虑，加工工艺和工装方案的确定，处理不合理或困难情况的变更手续，以及对关键部位和特殊要求的详细说明。这些准备工作能够确保图纸执行的准确性和可行性，为钢结构的制作和安装提供指导和依据，从而保证工程质量和施工安全。

综上所述，图纸的审核和技术交底是确保图纸正确性和可行性的重要环节。通过认真审核图纸，解决问题并提供指导，可以提前解决困难、避免潜在风险。同时，技术交底的准备工作能确保施工的顺利进行，能保证钢结构按照设计要求进行制作和安装，最终切实保障工程质量和施工安全。因此，任何情况下，施工详图的审核和技术交底都是不可或缺的步骤，应该给予充分重视并认真实施。

3. 备料和核对

通过分析施工详图和材料清单，能够计算出各种材质、各种规格所需要的净用量，再额外考虑一定的损耗量，从而制定出详细的材料预算计划。在进行工程预算时，考虑到提料和备料的需求，一般会在实际用量的基础上增加10%的余量。此外，还需要仔细核对来料的规格、尺寸和质量，确保采购材料的准确性。如果需要替换材料，必须先得到设计部门的批准，并在设计中做出相应的修改。这样做的目的是为了确保该项目所使用的材料能够满足工程的要求。

4. 编制工艺流程

编制工艺流程的原则是在最短的时间内、使用最少的人力和最低的成本来进行操作，并且保持加工出的产品符合设计要求。这也意味着生产单位需要精确计划每个步骤，优化操作顺序，最大限度地避免时间和人力的浪费，同时，还要寻找并采用经济高效的方法和工具，降低成本、提高效率。编制工作的关键，是确保工艺流程的可靠性，即使在复杂的操作中也要保持一致性和准确性。通过遵循这些原则，我们才能够在最佳条件下完成工艺流程，实现高质量的产品加工，在满足设计要求的同时实现经济效益。

5. 组织技术交底

技术交底应组织所有上岗操作人员参加。每个操作人员都需要接受相应的培训和考核，以确保其具备必要的知识和技能。对特殊的工种，还需要进行额外的资格确认。

技术交底工作分为开工前的技术交底会和投料加工前的本工厂施工人员交底会。

开工前的技术交底会主要包括以下内容。首先，介绍整个工程的概况，包括项目的背景和目标。然后，详细说明工程结构件的情况、相关的图纸说明和设计图纸节点情况；讲解原材料的质量要求，工程验收的标准和交货的期限、方式；构件的包装、运输要求和涂层的质量要求。最后，介绍其他相关技术要求。通过以上说明讲解，确保操作人员对整个工程有全面的了解。

投料加工前的本工厂施工人员交底会，除了开工前技术交底会的内容，还会涉及更多与实际施工相关的细则。包括工艺方案和工艺规程的详细介绍，施工的要点和主要工序的控制方法、检查方法等。通过这次交底会，施工人员能够更好地了解工艺流程，掌握施工关键点，从而保证施工的质量和效率。

总而言之，上岗操作人员的培训、考核和技术交底会对于工程施工来说都是至关重要

的。这些措施能够确保操作人员具备必要的操作知识和能力，同时让他们充分了解工程的具体要求和技术细节。

6. 钢结构制作的安全工作

钢结构生产制造的效率高、工件移动频繁，已成为现代建筑领域中的重要工艺。在生产过程中，机械设备的防护尤其重要。这些设备可能涉及高速运转的部件、尖锐的工具和大型机械构件，因此必须采取适当的安全措施来保护工人免受伤害。尤其是在制作大型、超大型钢结构时，安全工作更加重要。所有操作人员都需要接受安全教育，以了解在工作中应该如何保持安全。对于特殊工种的人员，还需要获得相应的上岗证书，以确保他们具备必要的技能和知识。操作者和管理人员在现场必须穿戴适当的劳动防护用品，严格按照规程进行操作。

在构件制作过程中，需要进行测量、堆放和搁置。测量时操作人员必须在一定的高度上进行，堆放和搁置必须保持稳固，必要时还需设置支撑或定位装置，以确保构件的稳定和人员的安全。应注意，构件的堆垛不得超过两层，以免发生堆垛不稳导致的意外事故。

索具和吊具是钢结构生产中必不可少的工具，它们需要定期检查，确保其能够正常运行和安全使用。特别需要注意的是，不得超载使用吊具，并且一旦发现钢丝绳磨损，必须及时更换。胎具的制造和安装也需要进行强度计算，不能凭经验估算，否则安全性难以保证。

在使用氧气、乙炔、丙烷、电源等工作时，操作人员必须采取安全防护措施，并定期检测防护装备的密封性和接地情况，以防止发生火灾、爆炸等意外事故。

在施工现场，所有危险源必须明确标示，并设置信砂和警戒标志以提醒操作人员注意。操作人员必须严格遵守安全操作规程，避免发生意外伤害。任何构件的起吊必须听从指定人员的指挥，并确保构件在移动时，移动区域内没有人员滞留或通过，降低人员受伤害的风险。

为了确保施工现场的安全，所有生产制作场地的安全通道必须保持畅通，在紧急情况下现场人员才能够快速撤离现场，减少受到伤害的可能性。

（二）放样

放样是指按照施工图上的几何尺寸，以 1∶1 的比例在样板台上放出实样，以求出真实形状和尺寸，然后根据实样的形状和尺寸制成样板、样杆，作为下料、弯制、铣、刨、制孔等加工的依据。放样是整个钢结构制作工艺中的第一道工序，也是至关重要的一道工序，对于一些较复杂的钢结构，这道工序是钢结构工程成败的关键。

进行一般钢结构的放样操作时，作业人员应对项目的施工详图非常熟悉，如果发现有不妥之处要及时通知设计部研究解决。确认图纸无误后，可以采用小扁钢或者铁皮做样板和样杆，并用油漆写明加工号、构件编号、规格，同时标注好孔直径、工作线、弯曲线等各种加工标识。此外，需要注意的是，放样要计算出现场焊接收缩率和切割等需要的加工余量。自动切割的预留余量是 3 mm，手动切割的为 4 mm。剪切后加工的一般每边为 3～4 mm，气割的则为 4～5 mm。焊接的收缩率则要根据构件的结构特点和加工工艺来决定。

放样时如大样尺寸过大，可分段弹出。对一些三角形构件，如果只对节点有要求，可以缩小比例放样，但应注意精度。放样弹出的十字基准线，两线必须互相垂直。然后根据十字线逐一画出其他各点和线，并在节点旁标注尺寸，以备复查和检查。

（三）号料

号料是制作钢材构件时非常重要的过程，它涉及对原材料的标记和准备，以便后续的加工。号料具体包括切割、饰面、刨削、弯曲和钻孔等工艺的加工位置，在下料前必须进行充分的准备工作。以下是号料过程中的一些重要注意事项和要求。

首先，号料前必须了解原材料的材质和规格，并检查原材料的质量。不同规格和材质的零件应分别号料，并按照先大后小的原则依次进行。对于具有较大弯曲或不平整的钢材，应先进行矫正，从而确保号料过程的顺利进行。

其次，尽量将宽度和长度相等的零件一起号料，对于需要拼接的同一种构件，必须一起号料。在钢板长度不够、需要焊接拼接时，必须注意焊缝的大小和形状，并在焊接和矫正后再进行标记。同时，当次号料的剩余材料应进行余料标识，包括编号、规格和材质，以便再次使用。

在号料过程中还需要注意一些细节：①使用已经检查合格的样板与样杆，不得直接使用钢尺；②准备必要的工具，如石笔、样冲、圆规、画针和凿子，随时记录已号料的数量，并在号料完成后在样板和样杆上注明实际数量；③在号料过程中，应同时画出检查线、中心线、弯曲线，并注明接头处的字母和焊缝代号；④在号孔时，使用与孔径相等的圆形规孔，并打上样冲，以便后续检查孔位是否正确；⑤弯曲构件的号料，应标出检查线，用于检查加工和焊接后的曲率是否正确。

号料时，为充分利用钢材、减少余料，可以使用套料技术。将材料等级和厚度相同的零件置于同一张钢板的边框内进行合理排列的过程，称为套料。传统的手工套料，就是将零件的图形按一定比例缩小成纸样，然后在同样比例缩小的钢板边框内进行合理排列，最后据此在实际钢板上进行号料。随着计算机技术的发展，逐渐开发出使用自动套料软件的数控套料方法，集图纸转化、自动排版、材料预算和余料管理等功能于一体，能从材料利用率、切割效率、产品成本等多个方面提高生产效益，符合可持续发展需求，逐渐成为行业主流。

（四）切割

钢板切割方法有剪切、冲裁锯切、气割等，施工中采用哪种方法进行应根据具体要求和实际条件来确定。切割后的钢板不得有分层，断面上不得有裂纹，还应清除切口处的毛刺、熔渣和飞溅物。目前，常用的切割方法是剪切、气割、数控切割三种。

剪切下料大多采用剪板机。剪板机分为脚踏式人力剪板机、机械剪板机、液压摆式剪板机。目前我国的钢结构制作企业普遍采用的是液压摆式剪板机，它能剪切各种厚度的钢板材料。

气割下料原则上采用自动气割机。目前，我国普遍采用的是数控多头火焰直条气割机，这种气割机能切割各种厚度的钢材，并能切割带有曲线的零件。在气割时，可以使用半自动气割机和手工气割。半自动气割机是能够移动的小车式气割机，气割表面比较光洁，一般可以不再进行切割表面的精加工。手工气割的设备主要是割炬。

数控切割是一种由数控系统和机械构架两大部分组成的新型切割方式，它在中大型钢结构生产企业应用广泛。与传统的手动和半自动切割相比，数控切割利用数控系统提供的切割技术、切割工艺和自动控制技术，能够更好地控制和提高切割质量及切割效率。

数字控制系统是数控切割的关键，它能够预设切割的工艺和规格，大幅提高切割效率。根据切割工件的不同，在控制器中输入相应的操作程序和切割参数。控制器接收这些参数并控制机床或设备进行自动切割操作。同时，数控套料软件也为提高钢材利用率发挥了重要作用。它通过计算机绘图、零件优化套料和数控编程，自动计算切割方案，优化材料利用率，能有效提高切割生产准备的工作效率。

虽然数控切割的效率更高，但是它需要更复杂的套料编程。如果没有使用或没有使用好优化套料编程软件，反而会造成钢材的浪费。在进行优化套料编程时，要充分考虑材料利用率和切割效率，并确保切割过程中的误差最小化。只有做到这些，才能真正实现数控切割对钢材资源的高效利用和切割质量的提升。

总之，数控切割作为一种新的切割技术，具有自动化、高效率、高质量和高利用率等优点。在切割过程中，需要注意选择合适的数控系统、使用优化套料编程软件并特别关注切割精度，才能提升切割质量和最大化利用资源。

新时代的钢结构生产从业人员，应有针对性地接受套料编程系统的培训，顺应时代发展的需求。

（五）矫正

钢板和型材由于受轧制时压延不均，轧制后冷却收缩不均以及运输、贮存过程中各种因素的影响，常常产生波浪形、局部凹凸和各种变形。钢材变形会影响号料、切割及其他加工工序的正常进行，会降低加工精度，在焊接时还会产生附加应力或因构件失稳而影响构件的强度。这就需要通过钢材矫正来消除材料的这类缺陷。钢材矫正一般用多轴辊矫平机来矫正钢板的变形，用型材矫正机来矫正型材的变形。对于钢板指的是矫平，对于型材指的是矫直。

1. 钢板的矫正（矫平）

常用的多轴辊矫平机由上下两列工作轴组成，一般有5～11个工作辊。下列是主动轴辊，由轴承固定在机体上，不能做任何调节，由电动机通过减速器带动它们旋转；上列为从动轴辊，可以通过手动螺杆或电动调节装置来调节上下辊列间的垂直间隙，以适应各种不同高度钢板的矫平作业。钢板随轴辊的转动而被啮入，并承受方向相反的多次交变的小曲率弯曲，因弯曲应力超过材料的屈服极限而产生塑性变形，使那些较短的纤维伸长，从而矫平整张钢板。增加矫平机的轴辊数目，可以提高钢板的矫平质量。

在钢板矫平时需要注意以下三点：

（1）钢板越厚，矫正越容易；薄板易产生变形，矫正比较困难。

（2）钢板越薄，要求矫平机的轴辊数越多。矫平机的轴辊数一般为奇数。厚度在3 mm以上的钢板通常在五辊的矫平机上矫正；厚度在3 mm以下的钢板，必须在九辊、十一辊或更多轴辊的矫平机上矫正。

（3）钢板往往不是一次就能矫平，需要重复数次，直至符合要求。

2. 型钢的矫正（矫直）

型钢主要用型材矫直机（撑床）进行矫正。机床的工作部分是由两个支撑和一个推撑组成。支撑没有动力传动，两个支撑间的间距可以根据需要进行调节。推撑安装在一个能做水平往复运动的滑块上，由电动机通过减速器带动其做水平往复运动。矫正型材时，将型材的变形段靠在两个支撑之间，使其受推撑作用力后产生反方向变形，从而将变形段矫正。

（六）边缘加工

在钢结构构件制造过程中，为消除切割造成的边缘硬化而刨边，为保证焊缝质量而刨或铲成坡口，为保证装配的准确及局部聚压的完善而将钢板刨实或贴平，均称为边缘加工。边缘加工分铲边、刨边、铣边、碳弧气刨和坡口机加工等多种方法。

1. 铲边

对加工质量要求不高、工作量不大的边缘进行加工，可以采用铲边的方式。铲边有手工铲边和机械铲边两种。手工铲边的工具有手锤、手铲等；机械铲边的工具有风动铲锤、铲头等。一般铲边的构件，其铲线尺寸与施工图样尺寸要求不得相差 1 mm，铲边后的棱角垂直误差不得超过弦长的 1/3000，且不得大于 2 mm。

2. 刨边

刨边是一种通过安装于带钢两侧的两组刨刀，对带钢边缘进行刨削加工的方法。刨边的优点是设备结构相对简单，运行可靠，它能够进行精加工直口和坡口，使得加工结果更加精确。当然，刨边也存在一些缺点。为了适应不同板厚、加工余量和坡口形状，需要配置多把刨刀，而刨刀的调整过程十分烦琐。此外，刨边的使用寿命相对较短。

刨床是一种直线运动机床，对工件的平面、沟槽或成形表面进行刨削，有以下几种主要类型。牛头刨床，适于切削各种平面和沟槽，刀具安装在滑枕的刀架上，可以灵活地加工。龙门刨床，适用于大平面加工，特别是长而窄的平面，也可以加工沟槽或多个中小零件的平面。单臂刨床，适于加工宽度较大且不需要在整个宽度上进行的加工。每种刨床都有各自的应用领域和优势。

3. 铣边

铣边最主要的作用是能够使拼板时的对接缝密闭。因埋弧焊焊接电流较大，为避免烧穿，一般要求拼出的板缝要小于或等于 0. 5 mm。但气割出来的板边或钢厂轧出的板边直接拼出来的对接缝往往无法满足埋弧焊对板缝间隙的要求，这时就需要再通过铣边来达到要求。另外，也可通过铣边来加工某些需开坡口厚板的角度。

铣边使用的设备是铣边机。作为刨边机的替代产品，铣边机具有功效高、精度高、能耗低等优点，尤其适用于钢板加工各种形状坡口。

4. 碳弧气刨

碳弧气刨是利用碳极电弧的高温，把金属的局部加热到液体状态，并用压缩空气的气流把液体金属吹掉，从而达到对金属进行切割的一种加工方法。

碳弧气刨的主要应用范围有：①焊缝挑焊根工作中；②利用碳弧气刨开坡口，尤其是 U 形坡口；③返修焊件时，可使用碳弧气刨消除焊接缺陷；④清除铸件表面的毛边、飞刺、冒口和铸件中的缺陷；⑤切割不锈钢中、薄板；⑥刨削焊缝面的余高。

（七）制孔

钢结构构件的制孔应优先选用钻孔，当确认某些材料质量、厚度和孔径在冲孔后不会引起脆性时，允许采用冲孔。

钻孔在钻床等机械上进行，可以加工任何厚度的钢结构构件。钻孔的优点是螺栓孔乱壁损伤较小，加工质量较好。尤其是高强度螺栓孔，应采用钻孔的方式制孔。

钻孔时一般使用平钻头，若平钻头钻不透，再使用尖钻头。当板叠较厚、材料强度较高或直径较大时，则应使用可以降低切削力的群钻钻头，以便排屑和减少钻头磨损。孔的长度大于孔直径的 2 倍的长孔，可用两端钻孔、中间气割的办法进行加工。

在钢结构构件加工制造中，冲孔一般只用于冲制薄板孔的非圆孔，冲孔的孔径必须大于板厚。厚度在 5 mm 以下的所有普通钢结构构件都可选用冲孔，结构厚度小于 12 mm 的构件也允许冲孔。在冲孔上，一般不允许施焊（槽形），除非确认材料在冲切后仍能保留足够大的韧性。

钢结构构件的加工要求精度较高、板叠层数较多、同类孔较多时，可采用钻模制孔或预钻较小孔径、在组装时扩孔的方法。当板叠小于等于 5 层时，预钻小孔的直径应小于公称直径一级（3 mm）；当板叠大于 5 层时，则应小于公称直径二级（6 mm）。

（八）钢结构除锈

钢结构构件的表面应平直、无损伤，不得有裂纹、油污、颗粒状或片状老锈。为严格施工及确保建筑寿命与质量，钢结构除锈工作至关重要。钢材除锈的方法有多种，常用的有机械除锈和化学法除锈等。

1. 机械除锈

机械除锈主要是利用电动刷、电动砂轮等电动工具来清理钢结构表面的锈。采用工具可以提高除锈的效率，除锈效果较好，使用方便，一些较深的锈斑也能除去，但是在操作过程中须注意，不要用力过猛导致打磨过度。

2. 化学法除锈

化学法除锈是利用酸与金属氧化物发生化学反应，从而除掉金属表面锈蚀物的一种除锈方法，即通常所说的酸洗除锈。将特制的钢铁除锈剂通过浸泡、涂刷、喷雾等方法渗入锈层内，溶解顽固的氧化物、沉积物、渣垢等，然后将处理过的钢材用清水冲洗干净即可。

（九）钢结构的涂装

为了克服钢结构容易腐蚀、防火性能差的缺点，需在钢结构构件表面进行涂装保护，以延长钢结构的使用寿命、增加安全性能。钢结构的涂装分为防腐涂装和防火涂装。钢结构的涂装应在制作安装验收合格后进行，涂装前应采取适当的方法将需要涂装部位的铁锈、焊接溅物、尘污、尘土等杂物清除干净。

1. 防腐涂装

防腐涂装使用防腐漆。钢结构防腐漆宜选用醇酸树脂、氯化橡胶、环氧树脂、有机硅等品种，一般在施工图中会有明确规定，应严格按照施工图的要求选购防腐漆。防腐漆应配套使用，涂膜应由底漆、中间漆和面漆构成，底漆应具有较好的防锈性能和较强的附着力；中间漆除了具有一定的底漆性能外，还兼有一定的面漆性能；面漆直接与腐蚀环境接触，应具有较强的防腐蚀能力和抗老化能力。

2. 防火涂装

防火涂装需要使用防火涂料。防火涂料是以无机黏合剂与膨胀珍珠岩、耐高温硅酸盐材料等吸热、隔热及增强材料合成的一种防火材料，喷涂于钢结构构件表面，形成可靠的耐火隔热保护层，从而提高钢结构构件的耐火性能。

按火灾防护对象，防火涂料可分为：①普通钢结构防火涂料，用于普通工业与民用建（构）筑物钢结构表面的防火涂料；②特种钢结构防火涂料：用于特殊建（构）筑物（如石油化工设施、变配电站等）钢结构表面的防火涂料。

按使用场所，防火涂料可分为：①室内钢结构防火涂料，用于建筑物室内或隐蔽工程的钢结构表面的防火涂料；②室外钢结构防火涂料，用于建筑物室外或露天工程的钢结构表面的防火涂料。

按分散介质，防火涂料可分为：①水基性钢结构防火涂料，以水作为分散介质的钢结构防火涂料；②溶剂性钢结构防火涂料，以有机溶剂作为分散介质的钢结构防火涂料。

按防火机理，防火涂料可分为：①膨胀型钢结构防火涂料，涂层在高温时膨胀发泡，形成耐火隔热保护层的钢结构防火涂料；②非膨胀型钢结构防火涂料，涂层在高温时不膨胀发泡，其自身成为耐火隔热保护层的钢结构防火涂料。

二、钢结构构件的吊装

（一）起重机械

在钢结构工程施工中，应合理选择吊装起重机械。起重机械类型，应综合考虑结构的跨度、高度、构件质量和吊装工程量，施工现场条件，本企业和本地区现有起重机设备状况，工期要求，施工成本要求等诸多因素后进行选择。常见的起重机械有汽车式起重机、履带式起重机和塔式起重机等。

工程中，根据具体情况选用合适的起重机械，所选起重机的三个工作参数，即起重量、起重高度和工作幅度（回转半径），都必须满足结构吊装要求。

1. 汽车式起重机

汽车式起重机是利用轮胎式底盘行进的动臂旋转起重机。它是把起重构件安装在加重型轮胎和轮轴组成的特制底盘上的一种全回转式起重机。其优点是轮距较宽，稳定性好，车身短，转弯半径小，可以360°工作，但其行驶时对路面要求较高，行驶速度较一般汽车要慢，不适合在松软泥泞的地面上工作，通常用于施工地点位于市区或工程量较小的钢结构工程中。

2. 履带式起重机

履带式起重机是将起重作业部分安装在履带底盘上，行走依靠履带装置的流动性起重机。履带式起重机接地面积大、对地面压力较小、稳定性好、可以在松软泥泞地面作业，而且其牵引系数高、爬坡度大，还可以在崎岖不平的场地上行驶。履带式起重机适用于比较固定的、地面条件较差的工作地点和吊装工程量较大的普通单层钢结构。

3. 塔式起重机

塔式起重机分为固定式塔式起重机、移动式塔式起重机、自升式塔式起重机等。其主要特点包括：工作高度高，起身高度大，可以分层分段作业；水平覆盖面广；具有多种工作速度和作业性能，生产效率高；驾驶室高度与起重臂高度相同，视野开阔；构造简单，维修保养方便。塔式起重机是钢结构工程中使用较广泛的起重机械，特别适用于吊装高层或超高层钢结构。

（二）吊具、吊索和机具

行业内习惯把用于起重吊运作业的刚性取物装置称为吊具，把系结物品的挠性工具称为索具或吊索，把在工程中使用的由电动机或人力通过传动装置带有钢丝绳的卷筒或环链来实现载荷移动的机械设备称为机具。

1. 吊具

（1）吊钩：起重机械上重要的取物装置之一。

（2）卸扣：由本体和横销两大部分组成，根据本体的形状又可分为U形卸扣和弓形卸扣。卸扣可作为端部配件直接吊装物品或构成挠性索具连接件。

（3）索具套环：钢丝绳索扣（索眼）与端部配件连接时，为防止钢丝绳扣弯曲半径过小而造成钢丝绳弯折损坏，应镶嵌相应规格的索具套环。

（4）钢丝绳绳卡：也称为“钢丝绳夹”“线盘”“夹线盘”“钢丝卡子”“钢丝绳轧头”，主要用于钢丝绳的临时连接和钢丝绳穿绕的固定。

（5）钢板类夹钳：为了防止钢板锐利的边角与钢丝绳直接接触而损坏钢丝绳，甚至割断钢丝绳，在钢板吊运现场多采用各种类型钢板类夹钳来完成吊装作业。

（6）吊横梁：也称为“吊梁”“平衡梁”或“铁扁担”，主要用于在水平吊装中避免吊物受力点不合理而造成损坏或过大的弯曲变形，给吊装造成困难等情况。吊横梁根据吊点不同可分为固定吊点型和可变吊点型，根据主体形状不同可分为一字形和工字形等。

2. 吊索

（1）钢丝绳：一般由数十根高强度碳素钢丝先绕捻成股、再由股围绕特制绳芯绕捻而成，钢丝绳具有强度高、耐磨损、抗冲击等优点且有类似绳索的挠性，是起重作业中使用最广泛的工具之一。

（2）白棕绳：以剑麻为原料捻制而成，其抗拉力和抗扭力较强，耐磨损、耐摩擦、弹性好，在突然受到冲击载荷时也不易断裂。白棕绳主要用作受力不大的缆风绳、溜绳等，也用于起吊轻小物件。

3. 机具

（1）手拉葫芦：又称为“起重葫芦”“吊葫芦”具有安全可靠、维护简单、操作简便等特点，是比较常用的起重工具之一。工作级别按使用工况分为Z级（重载，频繁使用）和Q级（轻载，不经常使用）。

（2）卷扬机：在工程中使用的、由电动机通过传动装置驱动带有钢丝绳的卷筒来实现载荷移动的机械设备。按速度可分为高速、快速、快速溜放、慢速、慢速溜放和调速六类，按卷筒数量可分为单卷筒和双卷筒两类。

（3）千斤顶：用比较小的力就能把重物升高、降低或移动的简单机具。结构简单、使用方便，分为机械式和液压式两种。机械式千斤顶又分为齿条式和螺旋式两种。机械式斤顶起重量小，操作费力，适用范围较小；液压式千斤顶结构紧凑，工作平稳，有自锁作用，被广泛使用。

（三）构件验收、运输、堆放

1. 钢结构构件的验收

在钢结构工程的施工阶段，钢结构构件的制作完成后需要进行验收。验收过程需要按照施工图和钢结构工程施工质量验收标准的要求进行。出厂时，钢结构制品应配备相关资料，包括：产品合格证及技术文件、施工图和设计变更文件、制作过程技术问题处理的协议文件、钢材和连接材料以及涂装材料的质量证明或试验报告、焊接工艺评定报告、高强度螺栓摩擦面抗滑移系数试验报告、焊缝无损检验报告及涂层检测资料、主要构件检查记录以及构件的预拼装情况。考虑到构件在运输和吊装过程中的限制，有时构件需要分为若干段出厂，因此需要在出厂前进行预拼装。此外，还需要准备一份构件发运和包装清单，以确保施工过程顺利进行。

总之，唯有严格按照验收流程和资料要求操作，方能保证钢结构构件的质量合格和工程施工的顺利完成。

2. 钢结构构件的运输

在构件运输过程中，需要采取一系列措施来保证构件的质量和安全。单件超过 3 t 的构件应在易见部位标注质量及重心位置，以避免在装卸车和吊装过程中被损坏。对于节点板、高强度螺栓连接面等重要部分，必须进行适当的保护措施。对于零星部件等，应该使用螺栓和铁线捆扎，并按照同一类别原则进行包装和运输。应根据构件的长度、质量、断面形状以及行车路线、运输车辆和码头状况等因素，编制合理的运输方案。在吊装过程中，要考虑到堆放条件、工期要求等因素，合理安排构件的运输顺序。选择车辆时，需要根据构件的长度、质量、断面形状等进行选用，支点和绑扎方法应遵守不对构件产生永久变形和不损坏涂层的原则。在构件起吊时，必须严格按照设计吊点进行，不得随意更改。对于公路运输，装运的高度极限为 4.5 m，若需通过隧道，则高度极限为 4 m。在车身伸出时，构件不能超过 2 m。

3. 钢结构构件的堆放

合理的构件堆放，要求场地平坦坚实、无水坑、无冰层、干燥，同时还需要有较好的排水设备和供车辆出入的通道。构件应当按照种类、型号和安装顺序进行区域划分，并标注标志牌，底层垫块应具有足够的支撑面积，并不允许有大的沉降量，构件的堆放高度应基于计算。钢结构产品不能直接置于地面，需要垫高 200 mm。如果在堆放过程中发现不合格的构件，则需要进一步地严格检查并进行矫正，不能将不合格的构件堆放在合格的构件中。当构件被堆放好之后，需要派专人汇总资料，并建立完善的进出场动态管理制度，同时对露天堆放的构件应进行适当的保护，以避免日晒、雨淋、风吹等自然条件对构件造成损伤。不同类型的钢构件应当分别堆放，同一工程的钢构件应分类堆放在同一区域，方便装车发运。

综上所述，构件堆放应注意细节，需要进行细致的计算和标志，以确保施工工程的顺利进行，同时还需要建立严格的管理制度，避免出现乱翻、乱移的现象。

三、钢结构构件的连接

钢结构是由若干构件组合而成的。连接的作用就是通过一定的方式将板材或型钢组合成构件，或将若干个构件组合成整体结构，让各部件能够共同工作。因此，连接在钢结构中处于重要的枢纽地位，连接的方式及其质量优劣将直接影响钢结构的工作性能。钢结构的连接必须符合安全可靠、传力明确、构造简单、制造方便和节约钢材的原则。连接接头应有足够的强度，要有适宜于实施连接的足够空间。

钢结构的连接方法可分为焊接连接、螺栓连接和铆钉连接等。其中，铆钉连接由于构造复杂、费钢费工，现已很少采用。

（一）焊接连接

焊接是目前最主要的连接方式。其优点主要有：不需要在钢材上打孔钻眼，既省工省时，又不减损材料的截面积，可以使材料得到充分利用；任何形状的构件都可以直接连接，一般不需要辅助零件；连接构造简单，传力路线短，适用面广；气密性和水密性都较好，结构刚性也较大，结构的整体性好。但是，焊接连接也存在缺点：由于高温作用在焊缝附近形成热影响区，钢材的金相组织和机械性能会发生变化，材质会变脆；焊接残余应力会使结构发生脆性破坏的可能性增大，降低压杆的稳定承载力，同时残余变形还会使构件尺寸和形状发生变化，矫正费工；焊接结构具有连续性，局部裂缝一旦产生便很容易扩展到整体。

因此，设计、制造和安装时，应尽量采取措施，避免或减少焊接连接的不利影响，同时必须按照钢结构工程施工质量验收标准中对焊缝质量的规定进行检查和验收。

焊缝质量检验一般可用外观检查和内部无损检验两种。前者检查外观缺陷和几何尺寸，后者检查内部缺陷。目前广泛采用超声波探伤进行内部无损检验。该方法使用灵活、经济，对内部缺陷反应灵敏，但不易识别出缺陷性质。内部无损检验有时还可用磁粉检验，该方法以荧光检验等较简单的方法作为辅助。此外，还可采用 X 射线或 Y 射线透照或拍片来进行内部无损检验。

钢结构工程施工质量验收标准规定，焊缝按其检验方法和质量要求分为一级、二级和三级。一级焊缝要求对每条焊缝长度的进行 100％超声波探伤，一级、二级焊缝均为全焊透的焊缝，不允许存在如表面气孔、夹渣、弧坑裂纹、电弧擦伤等缺陷。设计要求全焊透的一级、二级焊缝除外观检查外，还要求用超声波探伤进行内部缺陷的检查。超声波探伤不能对缺陷作出判断时，还应采用射线探伤检验，并应符合国家相应质量标准的要求。二级焊缝的检验标准通常包括焊缝的视觉检测和尺寸检验两个方面：①视觉检测是评定二级焊缝质量的重要标准之一，在焊接工作完成后，应对焊缝进行外观检查，确定是否满足相关标准的要求；②尺寸检验也是二级焊缝检验的重要内容之一。焊缝的尺寸应满足相关标准的要求，包括焊缝的高度、厚度，以及各项尺寸的检测。三级焊缝只要求对全部焊缝做外观检查且符合三级质量标准。

目前，应用最多的焊接方法有手工电弧焊和自动（或半自动）电弧焊以及气体保护焊等。

1. 手工电弧焊

手工电弧焊是一种常见的焊接方法。通电后，在涂有药皮的焊条和焊件间产生电弧，电弧产生热量溶化焊条和形成焊缝。手工电弧焊的优点是设备简单，操作灵活方便，适于任意空间位置的焊接，特别适于焊接短焊缝。由于需要焊接工人手工操作施焊，生产效率低、劳动强度大、质量波动大。

2. 自动（或半自动）埋弧焊

埋弧焊是电弧在焊剂层下燃烧的一种电弧焊方法。焊丝送进和电弧移动有专门机构控制，称为自动电弧焊；焊丝送进有专门机构控制而电弧移动靠工人操作的，称为半自动埋弧焊。

埋弧焊具有生产效率高、焊接质量好、机械化程度高、劳动条件好、节约金属及电能诸多优点，符合目前工业化生产的需求，得到了最广泛的运用，特别是在焊接中厚板、长焊缝时优越性体现得最为明显。

3. 气体保护焊

气体保护焊也属于电弧焊的一种，其原理是利用惰性气体或二氧化碳气体作为保护介质，在电弧周围形成局部的保护层，使被熔化的钢材不与空气接触。气体保护焊的焊缝熔

化区没有熔渣，能够清楚地看到焊缝成型的过程。由于保护气体是喷射的，有助于熔滴的过渡；又由于热量集中，焊接速度快，焊件熔深大，因此所形成的焊缝强度比手工电弧焊更高，韧性和抗腐蚀性更好，适用于全位置的焊接，但不适于在风较大的地方施焊。

（二）螺栓连接

螺栓连接分为普通螺栓连接和高强度螺栓连接两种。

1. 普通螺栓连接

钢结构中采用的普通螺栓为大六角头型，用字母 M 和公称直径（单位为 mm）作代号，工程中常用到 M18、M20、M22、M24 等型号。按国际标准，螺栓统一用螺栓的性能等级来表示，分为 3.6、4.6、4.8、5.6、5.8、6.8、8.8、9.8、10.9、12.9 等 10 余个等级。小数点前数字表示螺栓材料的最低抗拉强度；小数点后的数字表示螺栓材料的屈强比，即屈服点与最低抗拉强度的比值。

普通螺栓按照制作精度可分为 A、B、C 三个等级，A、B 级为精制螺栓，C 级为粗制螺栓。钢结构用连接螺栓，除特别注明外，一般为普通粗制 C 级螺栓。不同的级次加工的方法存在差异，通常对应加工方式如下。①A、B 级螺栓的栓杆由车床加工而成，表面光滑，尺寸精确，其材料性能等级为 8.8 级，制作、安装复杂，价格较高，很少采用。②C 级螺栓用未加工的圆钢制成，尺寸不够精确，其材料性能等级为 4.6 级或 4.8 级。抗剪连接时变形大，但安装方便，生产成本低，多用于抗拉连接或安装时的临时固定。

2. 高强度螺栓连接

高强度螺栓性能等级有 8.8 级和 10.9 级，分为大六角头型和扭剪型两种。安装时通过特别的扳手，以较大的扭力上紧螺帽，使螺杆产生很大的预拉力。高强度螺栓的预拉力把被连接的部件夹紧，使部件的接触面间产生很大的摩擦力，外力通过摩擦力来传递。高强度螺栓连接按设计和受力要求，可分为摩擦型和承压型两种。

摩擦型连接依靠连接板件间的摩擦力来承受荷载。螺栓孔壁不承压，螺杆不受力，连接变形小，连接紧密，耐疲劳，易于安装，在动力荷载作用下不易松动，特别适用于随动荷载的结构。

承压型连接在连接板间的摩擦力被克服，节点板发生相对滑移后依靠孔壁承压和螺栓受剪来承受荷载。承压型连接被广泛用于工业、建筑和其他领域，特别是在需要传递流体或气体的系统中，如水管、气体管道、油气输送管线等。承压型连接的方式多种多样，包括焊接、螺纹连接、法兰连接等。连接方式的选择，通常取决于工程的具体要求、压力等级和流体性质。

四、钢结构施工质量控制

“质量是建设工程项目管理的主要控制目标之一。质量控制是质量管理的一部分，施工质量控制包括施工单位、业主、设计单位、监理单位等在施工阶段对建设工程项目施工质量所实施的监督管理和控制的职能。”① 钢结构工程的施工质量控制是一个全过程的系统控制过程。它需从原材料进场、加工预制、安装焊接、尺寸检查等多方面着手，并在施工前进行预控、在施工过程中进行质量巡检。在施工监理过程中，需要全面控制五个主要影响因素：人员、机械、材料、方法和环境。只有通过切实有效的施工质量控制，才能确保钢结构工程的质量符合规范要求，同时也可以避免出现安全事故。

（一）钢结构工程施工前的质量控制要点

作为建筑工程中的一个关键环节，钢结构施工前的核查工作尤为重要。以下为钢结构施工前的核查要点，以确保施工的准确性与安全性。

第一，针对施工图和施工方案的核查，旨在确保施工图和技术方案符合设计规格及国家标准，是施工的基础。具体工作包括审核施工图纸，核对钢柱轴线尺寸和钢梁标高等基本参数；审阅施工技术方案，由监理和总监理工程师审批通过，以保证施工方案被严格执行。

第二，针对加工预制和安装检测用的计量器具进行核查。这一步操作旨在核查计量器具检定证书，专职测量人员资格证书及测量设备检定证书，以确保计量器具的准确性与合格性。

第三，核查资质文件是保障钢结构施工质量的关键，包括钢结构管理人员的资质、质量保证体系，以及监理人员的资质证书。这一步核查是确保施工人员的专业素质和资质符合要求。

第四，材料进场的质量检查，包括钢结构用材必须符合设计要求和国家标准，应具备质量证明书或检验报告。如果更换材料，须经原设计单位同意并提供书面意见。这一步核查的目的在于确保钢材质量合格，避免因使用不当材料而导致后期施工及验收出现问题。

总之，在施工前认真核查，有利于钢结构施工的精准、安全、高效完成，各核查要点缺一不可。

---

① 卢旭．施工质量控制［J］．中外企业家，2013（32）：220.

（二）钢结构施工过程中的质量控制要点

1. 钢结构安装控制要点

（1）钢结构构件安装前要求施工单位做好工序交接，同时要清洁表面、准备基础，提交基础测量记录。

（2）钢柱安装前，应对地脚螺栓尺寸进行复核，有影响安装的情况需要技术处理，地脚螺栓应涂抹油脂进行保护。

（3）钢柱在安装前应对基础尺寸进行复核，核对轴线、标高线是否正确，对各层钢梁进行引线，每节柱的定位轴线应从地面控制轴线引上。各层的钢梁标高可按相对标高或设计标高进行控制。

（4）钢结构构件从预制场地向安装位置运送时，必须采取支垫或加垫（盖）软布、木材（下垫上盖）等措施。

（5）钢柱在安装前，应标记中心线及标高基准点，以便在安装过程中进行检测和控制。

（6）钢梁吊装前，要确认钢柱上的节点位置和数量，钢梁安装后检查中心位置、垂直度和侧向弯曲矢高。

（7）钢结构主体形成后，要对主要立面尺寸进行全部检查，须包括每个立面的两列角柱和至少一列中间柱。可采用激光经纬仪、全站仪等进行测量，检查整体垂直度。

2. 钢结构焊接工程质量控制要点

在钢结构施工中，焊接是必不可少的步骤。为了保证焊接质量，必须注意以下要点。

（1）施工单位应对所使用的钢材、焊接材料、焊接方法和焊后热处理等进行评定，根据评定报告确定焊接工艺。确保焊接工艺符合设计文件和国家现行标准的要求，从而提高焊接质量。

（2）新进场使用的焊接材料必须符合设计文档和标准规定的要求。因为焊接材料对焊接工程的质量有重大影响。

（3）钢结构的焊接必须由持有证书技术工人施焊。确保焊接工作在合格的人员控制下完成。此外，对焊接质量也有严格的要求：焊缝表面不得有缺陷，并且应根据规定标准进行无损检测；一级、二级等级的焊缝不得有表面气孔、夹渣、弧坑裂纹等缺陷，如果不合格应返修。每个焊接部位返修不得超过两次，并编制返修工艺措施。

（4）钢结构的焊缝等级、焊接形式、焊缝的焊接部位、坡口形式和外观尺寸必须符合设计和焊接技术规程的要求，应仔细检查所有细节。

在焊接过程中，以上关键点都非常重要。此外，施工单位必须对相关人员进行适当的培训，对工程实施严格的质量管理，才能保证焊接的可靠性和稳定性。焊接过程一定要注意安全，配备适当的个人防护设备，确保焊接师傅的安全。

3. 钢结构防腐工程质量控制要点

在钢结构施工过程中，除锈和防腐是非常重要的步骤。以下是一些需要注意的要点。

（1）钢结构除锈应符合设计和规范要求，并且在防腐前进行隐蔽工程报验。监理工程师需要对钢结构的表面质量和除锈效果进行确认和检查，确保钢结构表面得到了充分的清理和准备，保证防腐涂料的附着力和保护效果。

（2）使用的防腐涂料、稀释剂和固化剂等材料的品种、规格、性能、颜色等应符合国家产品标准和设计要求，才能达到最佳的防腐和保护效果。在涂装时，应保证涂装环境的适宜性，环境温度和相对湿度应符合涂料产品说明书的要求，以免影响涂料的附着和防腐效果。钢结构除锈后应在 4 小时内进行防腐施工，避免钢材再次氧化导致二次生锈。即使不能及时施工，钢材表面也不应有未经处理的焊渍、毛刺、灰尘、油污、水等，表面应清洁、干燥，才能保证防腐涂料的效果和附着力。防腐涂料的涂装遍数和涂层厚度应符合设计要求。增加涂层厚度，可以提高防腐性，因此应合理控制涂层厚度，保证防腐效果，延长钢结构的寿命。

（3）钢结构应有清晰完整的标志、标记和编号，便于施工单位识别和安装。防腐涂料施工完成后，钢结构组件的标志和编号应仍然清晰可见。

4. 钢结构防火工程质量控制要点

在进行防火涂料施工之前，有几个关键流程：首先，不同的专业和工种之间需要办理交接手续，确保在钢结构防腐、管道安装、设备安装等工作完成后才进行防火涂料的涂刷；其次，施工前，钢结构必须按照设计要求完成防腐涂装；最后，施工单位的技术人员需要对工人进行技术交底，确保他们了解施工过程中的要求和操作步骤。

防火涂料涂层的厚度检查有一些具体要求。抽查数量应占涂装构件总数的 10%，但不得少于 3 件。当采用厚涂型防火涂料时，需要确保检查结果中 80%以上的面积符合设计或规范的要求，并且涂层最薄处的厚度不得低于要求的 85%。

钢结构的防火涂料施工通常会与其他专业的施工工序交叉。因此，对已经完成施工的部位，需要采取成品保护措施，以防止损坏。如果发现有破损情况，应及时进行修补。另外，防火涂料的表面颜色应根据设计要求进行涂刷，确保符合整体美观要求。

总的来说，以上这些步骤和要求都是为了保证防火涂料施工的质量和安全。只有在完成前期工作并且满足相关要求之后，才能进行有效的防火涂料施工，从而为建筑物提供更高的防火保护能力。

5. 钢结构成品堆放控制

钢结构在预制场地的堆放过程中，需要遵守以下要求。

（1）按照组装的顺序，将钢结构的成品或半成品分别存放，后续方便组装。

（2）存放构件的场地必须平整，并且应该设置垫木或垫块，以保持构件的稳定。

（3）箱装零部件和连接用紧固标准件，应该存放在库内，以确保其安全，同时便于管理。

（4）对于易变形的细长钢柱、钢梁、斜撑等构件，应采取多点支垫，避免变形或其他损坏。

6. 钢结构隐蔽工程验收

隐蔽工程是指，在施工过程中，上一道工序完成的工作将被下一道工序的工作所覆盖，无法在完工后进行直接检查的部分工程。在工程交工验收中，隐蔽工程验收记录是必不可少的技术资料之一。这些记录主要包括以下内容：

（1）对焊后封闭部位的焊缝进行检查，确保焊接质量符合要求。

（2）检查刨光顶紧血的质量，确保其平整度和质量满足标准。

（3）检查高强度螺栓连接面的质量，确保连接牢固可靠。

（4）检查构件除锈的质量，确保表面清洁、无污染。

（5）检查柱底板垫块设置的情况，确保垫块位置准确。

（6）检查钢柱与杯口基础安装连接二次灌浆的质量，确保灌浆牢固。

（7）检查埋件与地脚螺栓连接的情况，确保连接牢固可靠。

（8）检查屋面彩板固定支架的安装质量，确保固定牢固。

（9）检查网架高强度螺栓拧入螺栓球的卡度，确保螺栓拧紧到位。

（10）检查网架支座的安装情况，确保支座稳定可靠。

（11）检查网架支座地脚螺栓与过渡板的连接情况，确保工程质量符合设计和规范要求。

以上这些检查项目涵盖了隐蔽工程中的主要要素。通过记录和检查这些项目，可以对隐蔽工程的质量进行评估和验收，从而保证工程的可靠性和安全性。

第五章　装配式混凝土结构设计与施工研究

第一节　装配式混凝土结构的结构体系分析

一、套筒灌浆剪力墙结构

（一）套筒灌浆连接

套筒灌浆连接是一种用于竖向预制构件的连接方法。这种连接方法的基本原理，是在构件的下端部模板上固定一个套筒，并在另一端的预埋孔口安装一个密封圈，构件内部的连接钢筋会穿过密封圈，插入套筒的预埋端内部。套筒的两端侧壁上通常会有一些灌浆孔和出浆孔。

在现场安装时，另一个构件的连接钢筋插入套筒内部，然后通过注入高强度灌浆料来实现钢筋的连接。这种连接方法可以保证连接的强度和稳定，同时还能提高施工效率，减少现场加工和焊接工作。

除了竖向预制构件的连接，套筒灌浆连接也适用于连接混凝土现浇部位的水平钢筋。在这种情况下，套筒会被移动到两根水平钢筋的中间位置，并通过灌注灌浆料来连接钢筋。这种连接方法可以有效地提高水平钢筋的连接质量和工作效率。

套筒灌浆连接还可以应用于套筒剪力墙结构。套筒剪力墙结构，是指相邻两层预制剪力墙之间的钢筋通过套筒传递力，实现剪力墙内部受力筋的连续性。这种结构包括多种构件，例如三明治套筒剪力墙、叠合楼板和预制空调板等。这些构件可以通过现场拼装和现浇连接部位来实现建筑物的整体组装，提高抗震性能和结构稳定性。

套筒灌浆连接在工程实践中得到了广泛应用，对建筑结构的安全和可靠性起着重要的作用。

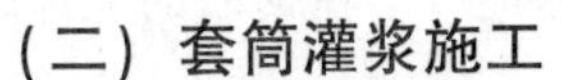

（二）套筒灌浆施工

1. 竖向套筒灌浆连接工艺

预制构件灌浆是一项关键的施工任务，它要求施工人员在灌浆过程中注意一系列步骤。正确执行这些步骤，能够保证构件的质量和使用寿命。

第一，标记与检查是灌浆过程中不可忽视的步骤。每个预制构件上的套筒都需要进行标记，以便在后续的操作中能够清晰地识别。在正式进行灌浆之前，还必须仔细检查灌浆孔和出浆孔内是否有杂物存在，确保孔洞通畅。杂物可能会影响浆料的流动。

第二，灌浆料的制备也是非常重要的一步。为了确保灌浆质量，应选择经过接头型式检验的接头专用灌浆料。在准备施工器具和所需材料之前，务必核实所有工具的完好性，并确保所需材料全部到位。然后按照产品要求的水料比例进行准确的称量，并将灌浆料和水充分搅拌均匀。

第三，灌浆料的质量必须进行检验。具体内容包括：流动度检验，如不符合要求，可能会导致灌浆不均匀或产生空洞，影响结构的强度和稳定性；现场抗压强度检验，以评估灌浆料的硬化性能，等等。

第四，在进行灌浆连接时，应使用灌浆泵从接头下方的灌浆孔处向套筒内施加压力，让灌浆料充分填充空间。在此过程中，操作人员应控制灌浆的时间，留出足够的应急时间来应对突发情况。完成灌浆后，必须封堵灌浆孔和排浆孔，以防止灌浆料泄漏。

第五，灌浆连接完成后，还需要仔细检查接头处的充盈度。充盈度不足可能会导致接头处的灌浆料凝固不完整，导致接头的强度和密实性受到影响。灌浆料是否凝固完整可以通过视觉检查，必要时可以进行钻孔检测。

第六，完成灌浆后，需要等待灌浆料达到规定的强度，即完全硬化，这通常需要一定的时间。在这段等待时间内，施工人员必须严格遵守相关规定，不能提前进行后续的施工。

第七，还需要根据环境温度的变化情况，确定施工后的扰动和拆支撑模架的条件。这是为了避免对灌浆后的节点施加额外的压力或振动。

总之，预制构件灌浆过程中的关键点和结论涉及标记与检查、灌浆料制备、灌浆料检验、灌浆连接以及灌浆后节点保护等方面。严格按照步骤操作，注重细节，对于建筑结构的安全性和耐久性具有重要意义。

2. 水平套筒连接施工工艺

混凝土结构的连接过程中，有几个关键点需要特别注意。首先，在连接钢筋上使用记号笔清晰地标记连接深度，确保标记清晰可见且不易脱落。标记应画在钢筋的上部。其次，将套筒全部套入预制梁连接钢筋的一侧，确保套筒完全装入位。在吊装构件到位后，根据要求进行固定。对于莲藕节点连接的构件，在吊装前要处理构件基础面，确保表面干净无杂物。

连接过程中，要仔细检查钢筋位置，确保待连接钢筋对正，偏差不超过±5 mm，并且两钢筋之间的间隙不大于 30 mm。将套筒按照标记移至两段对接钢筋的中间，并检查套筒两侧的密封圈是否完好，如有破损需要及时修复。钢筋就位后，即进行绑扎箍筋。

在进行灌浆连接之前，先确认灌浆孔和出浆孔内没有影响砂浆流动的杂物，然后使用灌浆枪从一个灌浆接头处向套筒内灌浆，直到浆料从另一端的出浆接头处流出。这个过程中要特别注意是否有漏浆的情况，如有，应及时处理。检验接头充盈度，确保灌浆料凝固后上表面应高于套筒上缘。在施工过程中要详细记录灌浆的情况，包括问题的补救处理过程。

灌浆后，需要等待灌浆料达到一定强度后才能进行后续施工。一般要求灌浆料的同条件试块强度要达到 35 MPa。根据环境温度确定构件受扰动的时间，15 ℃以上不得受扰动 24 小时，5～15 ℃不得受扰动 48 小时，5 ℃以下则根据情况而定。如果对构件接头部位采取加热保温措施，需要保持在 5 ℃以上至少 48 小时不得受扰动。拆除支撑必须根据设计荷载情况来确定。

综上所述，混凝土结构连接的过程中需要注意标记、套筒装配、构件吊装固定、套筒就位、灌浆连接以及灌浆后的条件和处理。合理执行这些步骤和要求，可以保证连接的准确性、可靠性和耐久性，确保混凝土结构的安全性和稳定性。

二、预应力混凝土结构

人类一直以来都渴望在建筑领域实现更广阔的结构跨度，这引发了全球学者广泛的研究。总的来说，有两种主要途径来实现这一目标：首先，我们可以通过研究轻质高强度材料来减轻结构的自重，并提高构件的强度；其次，我们可以探索更为合理的结构形式。预应力技术的引入为建筑领域开辟了大跨度迈进的可能性。随着体育场馆、航站楼、会展中心等建筑的兴建，人们对于大跨度结构的追求推动了装配式预应力结构的迅速发展。这种结构形式的发展为实现更大跨度的建筑提供了可行的解决方案。装配式预应力结构的优势在于能够减少现场施工时间、提高工程质量，并且具备灵活性和可重复使用性。

（一）预应力混凝土结构的特点

预应力混凝土结构是一种先进的工程技术，通过施加预压应力成功地解决了钢筋混凝土构件过早出现裂缝的问题。这种结构利用高强度混凝土和高强度钢筋，在施工过程中提前施加永久性内应力。下面将详细介绍预应力混凝土结构的特点。

首先，预应力混凝土结构采用高强度的钢材和混凝土材料，因此具有卓越的工作性能、耐疲劳强度和变形恢复能力，能够承受更大的荷载，并保持长期稳定的性能，减少了结构的维修和加固成本。

其次，预应力混凝土结构提高了抗剪承载力，改善了构件卸载后的变形恢复能力。预压应力的引入使结构更加坚固，并能有效地减少裂缝的产生和扩展。即使在荷载减小或消失的情况下，结构也能迅速恢复到原始状态，避免了变形过大带来的安全隐患。

再次，预应力混凝土结构还具有灵活性，可以根据外荷载的大小和方向调整结构内力的分布，从而减小结构的自重。通过合理设计预应力的引入方式，可以最大限度地优化结构的受力性能，提高整体效益。

最后，对于大、高、重、特等类结构来说，预应力混凝土结构是一种重要的选择。它能够解决上述结构所面临的问题，提供可靠的结构材料和技术。其优点包括材料用量较少、刚度较大、抗剪强度高、抗疲劳性能好以及防腐蚀能力强。相对于传统的钢筋混凝土结构，更能够满足现代建筑工程对结构性能的高要求。

总之，预应力混凝土结构通过施加预压应力，克服了钢筋混凝土构件过早出现裂缝的问题，并带来了诸多优点。它利用高强度材料和先进的施工技术，提高了结构的工作性能、耐久性和变形恢复能力，在各类建筑结构中都得到广泛应用，为工程领域带来了显著的进步。

（二）预应力混凝土结构的形式

1. 根据预应力混凝土结构施工方法特点划分

（1）装配式预应力混凝土结构是一种建筑结构，它的制造过程包括在工厂或施工现场进行生产，在现场进行安装。这种结构适用于需要大量生产构件、易于控制质量和成本较低的情况。

（2）现浇预应力混凝土结构通常需要大量的模板和支撑，主要适用于大型和重型的结构和构件。

（3）组合式预应力混凝土结构融合了前两种施工方法的优点，采用了预制和现浇相结合的工艺。预制部分通常是预应力结构，施工时可以同时作为模板，将其吊装到位后再浇筑其他部分的混凝土。通过后浇混凝土将预制构件连接成整体，既可以节约模板和支撑材料，又能够确保节点连接的质量。

2. 根据施工时预应力钢筋张拉工艺特点划分

根据施工时预应力钢筋张拉工艺特点的不同，可以将预应力混凝土结构分为先张预应力混凝土结构和后张预应力混凝土结构。在预制混凝土构件的连接中，接头必须具备足够的承载能力，才能抵御地震引起的最大内力，从而实现预制构件的组合，形成抗震框架或抗震剪力墙。其中，采用后张法将预制构件连接起来是最佳的方式。

后张预应力混凝土结构特点是在预制构件吊装到位后，通过张拉预应力钢筋并与混凝土产生黏结，使构件之间形成紧密的连接。进一步可以细分为有黏结预应力混凝土、无黏结预应力混凝土以及部分黏结预应力混凝土。有黏结预应力混凝土结构中，预应力钢筋与混凝土之间通过黏结剂实现紧密的黏结，提高了结构的整体性能。无黏结预应力混凝土结构中，预应力钢筋和混凝土之间没有黏结剂，而是通过预应力锚具来传递力。部分黏结预应力混凝土结构则是在某些接头处采用黏结剂，而其他部分则通过预应力锚具连接。

上述预应力混凝土结构，可以根据具体的工程要求和设计条件来选择最适合的结构形式。这些结构的应用可以提高建筑物的抗震性能，确保结构的安全稳定。

3. 按预应力在结构中的受荷方式划分

根据预应力在结构中的受荷方式，可以将预应力筋①的连接方式分为有黏结预应力筋连接和无黏结预应力筋连接两种。

（1）有黏结预应力筋连接：在受到反复荷载的作用下，有黏结预应力混凝土框架中的预应力筋可能会发生塑性变形，会导致预应力损失，甚至损失殆尽。因此，目前在预制装配式预应力混凝土框架的节点设计中，通常采用无黏结预应力筋连接的方式，以避免潜在的预应力损失问题。

（2）无黏结预应力筋连接：无黏结预应力筋连接又可以分为全预应力连接和混合连接两种方式。全预应力连接是指预应力筋完全由预应力传递装置（如预应力锚具）连接，没有使用黏结剂。混合连接是在某些连接点使用黏结剂，而其他连接点采用预应力锚具进行连接。

根据具体的工程要求和设计条件来选择最合适的方式，确保预应力筋的传递和受力效果，提高结构的稳定性和承载能力。

---

① 预应力筋是一种在混凝土结构中引入预先施加的拉应力的筋材，旨在改善混凝土的强度和耐久性。这种拉应力有助于对混凝土结构的荷载进行更有效的抵抗。

第一，全预应力连接。全预应力连接是指梁柱节点通过张拉无黏结预应力筋的方式进行连接。图 5-1 所示①为全预应力梁柱节点的连接构造，梁和柱均为预制构件，它们之间留有缝隙，在预制梁柱吊装和拼接后，使用砂浆进行封闭。梁的端部采用矩形截面，梁的中部截面预留有孔道。在施工时，无黏结预应力筋穿过这些孔道，然后进行预应力筋的张拉。随后，对孔道进行灌浆，并将预应力筋锚固。这样可以实现将梁和柱挤压成一个整体。为了进一步加强连接效果，梁端的上下部距离柱表面不小于 1/2 梁的高度范围内采用两根螺旋钢筋相互搭接，以限制混凝土的变形。这种约束措施有助于提高节点的刚度和稳定性。

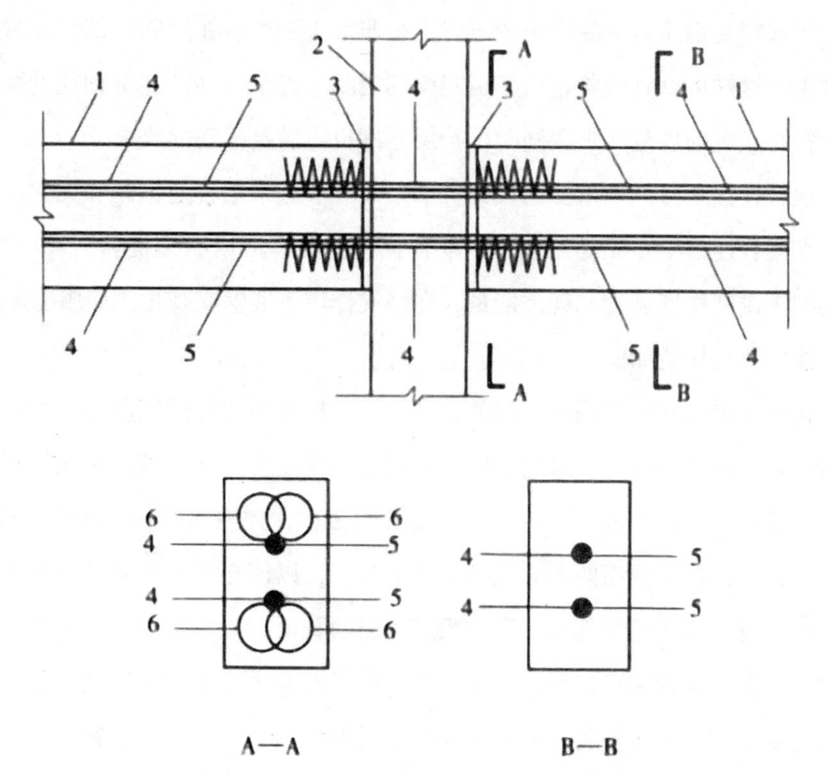

1—预制梁；2—预制柱；3—砂浆；4—预留孔道；5—无黏结预应力筋；6—螺旋钢筋。

图 5-1　全预应力梁柱节点的连接构造

通过以上的连接构造，全预应力梁柱节点能够有效地传递力和保证结构的整体性。这种节点设计能够满足预应力梁柱系统在施工和使用过程中的力学要求，确保结构的安全和可靠性。

装配式全预应力混凝土结构连接的关键点包括以下方面：

第一，预应力筋的设置是非常重要的。在梁柱接触面的两侧一定距离内，采用无黏结

① 本节图片引自冯大阔，张中善．装配式建筑概论［M］．郑州：黄河水利出版社，2018：68.

预应力筋，而在梁的跨中则采用部分有黏结的预应力筋。这样的设置可以减小在强震时预应力筋的应力突增和预应力损失。

第二，预应力筋的位置差异也是关键。预应力筋位于梁截面核心点的上下侧附近，这样可以增大节点核心区的抗剪能力，并减小预应力筋中的拉应力。

第三，摩擦抗剪连接是梁柱连接的一种重要方式。在梁柱之间，通过摩擦力来传递剪应力。梁柱接触面的压力和摩擦力主要由无黏结预应力筋的预拉应力提供。这种连接方式不需要设置传统的牛腿，仅依靠摩擦力传递剪力，从而提高室内空间的美观程度，同时也方便了预制构件的制造和运输。

第四，梁端螺旋钢筋约束混凝土的配置也是非常重要的。在梁的端部，配置螺旋钢筋来约束混凝土，这样可以有效防止地震引起梁端混凝土过早压坏。螺旋钢筋的配置量、螺距和直径应符合相应的规范要求，同时保护层厚度也应满足箍筋的要求。

第五，混合连接是另一种重要的设计考虑。梁柱节点采用普通钢筋和无黏结预应力筋混合配筋。在混合连接中，无黏结预应力筋提供挤压力，形成摩擦抗剪，减小残余变形；而普通钢筋则提供弹性恢复力和耗散能量，在强震作用下能够交替拉压屈服变形。

混合连接的节点构造如图 5-2 所示。

预制结构中的梁和柱都采用了预制的设计。梁与柱之间的缝隙宽度不超过普通钢筋直径的 1.5 倍，并且通过砂浆进行封闭，以确保连接的牢固性。梁的端部采用矩形截面，并在顶部和底部设置了预留孔道。梁的中部采用 H 形截面，并在顶部和底部设有槽，用于穿入普通钢筋。此外，在梁截面的形心处还预留了孔道，以便穿入无黏结预应力筋。柱上与梁相对应位置也设有穿普通钢筋和无黏结预应力筋的孔道。

为了增加连接的强度和稳定性，在柱子两表面以外不小于 2.5 倍钢筋直径长度内，采用套塑料软管或涂黄油外包塑料布的方式，形成无黏结区，以保护普通钢筋。此外，在梁端的上下部距离柱表面不小于梁高的 1/2 范围内，采用螺旋钢筋约束混凝土，并相互搭接，以增强连接的稳定性。

普通钢筋和无黏结预应力筋穿入孔道后，需要进行压力灌浆，以确保连接的牢固性。

混合连接采用普通钢筋与无黏结预应力筋的混合连接方式。在梁柱接触面两侧的一定距离内，形成无黏结区，在梁的跨中段为部分黏结。这种设计可以分散应力并防止连接钢筋过早断裂。

无黏结预应力筋位于梁截面的形心位置，而普通连接钢筋位于梁截面的顶部和底部。

为了进一步增强连接的稳定性，在梁和柱的接触面以外的 2.5～5 倍普通钢筋直径范围内设有无黏结区，以分散应力并防止连接钢筋过早断裂。梁和柱之间通过摩擦力传递剪

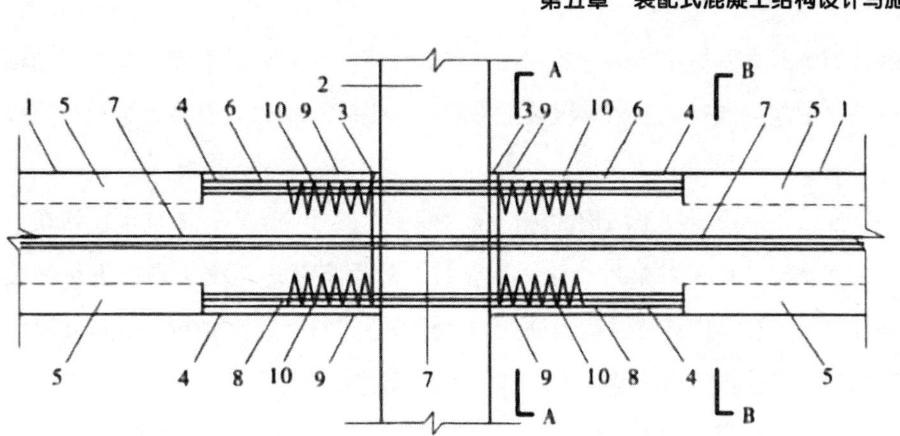

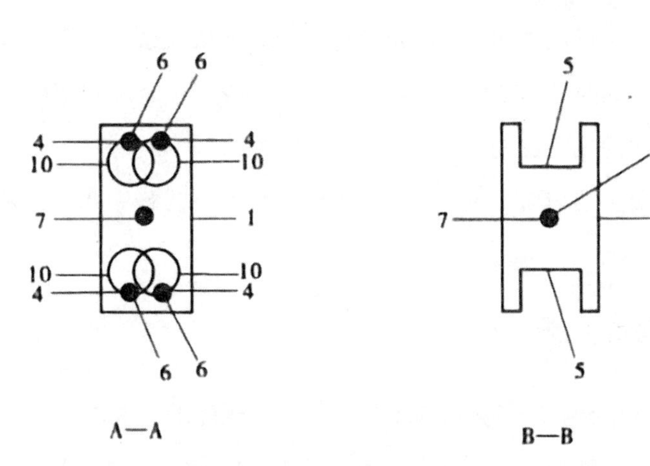

1—梁；2—柱；3—砂浆；4—普通钢筋的预留孔道；5—槽；6—普通钢筋；

7—无黏结预应力筋的预留孔道；8—无黏结预应力筋；9—无黏结区；10—螺旋钢筋。

图 5-2 混合连接的节点构造

力，同时普通钢筋起到销栓作用，传递部分剪力。

基于上述设计和连接方法，预制结构中的梁和柱不需要设置牛腿。接缝宽度应满足安装要求，不超过普通钢筋直径的 1.5 倍，以防止钢筋受压时外凸变形。梁端螺旋钢筋的设置与全预应力连接相同，包括目的、位置、用量和作用。这些设计和连接方法的综合应用能够提供稳定和可靠的预制结构。

（三）预压装配式预应力混凝土结构

预压装配式预应力混凝土结构属于预应力混凝土结构的一种，准确描述为：后张有黏结装配式预应力混凝土结构，通过柱牛腿和梁端缺口的组装以及预应力筋的张拉形成有机受力整体。这种结构形式能够充分利用预应力混凝土和装配式结构各自的优点，提高整体结构的性能。具体表现在通过后张预应力筋将预制梁和柱连接为整体，节点具有较强的抗裂能力和抗剪承载力，提高了构件的刚度和抗裂性能。同时克服了传统装配式结构节点受力可靠性差、预应力混凝土框架难以装配等问题，提高了装配式混凝土结构在地震区的可靠性。

预压装配式预应力混凝土结构的施工技术源于“压着工法”。该技术包括在工厂中预制梁和柱，在预制过程中对梁进行第一次张拉，然后将其运至施工现场进行吊装。吊装前，在梁柱的预留孔洞中穿过预应力筋，对梁柱节点进行第二次张拉。通过孔道压力灌浆和密封凝结，形成整体连续的受力节点和受力框架。

在预压装配式预应力混凝土结构中，预应力筋在施工阶段起到连接构件拼装的作用；在使用阶段承受梁端的弯矩，形成整体受力节点和连续受力框架。预应力筋的张拉不仅增强了梁柱节点的连接强度，同时提高了框架的刚度和延性，改善了装配式结构节点连接性能和预制装配式混凝土结构的抗震性能。

预压装配式预应力混凝土结构为建筑提供了更加持久和可靠的解决方案，为现代建筑的发展带来了重要的技术突破。

(四) 整体预应力装配式板柱结构

整体预应力装配式板柱结构是一种具有重要特点和关键优势的建筑体系。

该结构体系具有两大显著特征，即预应力摩擦节点和明槽式预应力，使得整体预应力装配式板柱结构在施工和使用过程中具有独特的优势。

搭设临时支撑系统、预制构件拼装和施加整体预应力是关键工序，结构的板柱节点能够借此获得良好的延性和抗震性能。此外，该结构体系无须使用梁和柱帽，建筑的开间可以更大，建筑布置可以更加灵活。

整体预应力装配式板柱结构具有高度的工业化程度。由于采用预制构件的方式，施工速度得到大大提高的同时，减少了用工和材料的消耗。此外，通过批量化工厂预制，可以有效降低建筑成本，为建筑行业带来更多的经济效益。

根据在是否楼板中施加预应力，该结构体系可分为普通钢筋混凝土板柱楼盖和预应力板柱楼盖。预应力板柱楼盖通过增加预应力钢筋，提高楼盖的承载能力和结构稳定性。

此外，根据楼板的构造方式，整体预应力装配式板柱结构可以采用空心楼板和实心楼板。空心楼板通过采用暗扁梁和预埋空心圆筒，提高了结构的抗弯和抗剪能力，减少了材料的使用量。

第二节　装配式混凝土结构设计及其应用范围

一、装配式混凝土建筑结构设计

“装配式建筑是用预制构件在施工现场拼装而成的建筑。采用工业化生产和机械化装配的建造方式，使其较传统建造方式具有资源节约、工期加快、成本可控等优点，符合国家节能减排、绿色发展的基本理念，满足建筑业转型升级的需求。”① 装配式混凝土建筑结构设计遵循等同原理，即通过采用可靠的连接技术和必要的结构与构造措施，使装配整体式混凝土结构与现浇混凝土结构的效能基本等同。等同原理不是做法等同，而是强调效果和实现的目的等同，是一个技术目标。

实现等同效能，结构构件的连接方式是最重要、最根本的一环。装配式混凝土建筑结构必须对相关结构和构造做一些加强或调整，应用条件也会比现浇混凝土结构限制得更严。

（一）装配式混凝土建筑结构设计的内容

1. 选择结构体系。应多方比较技术、经济方案，全面分析使用功能、成本及装配式结构的适应性。

2. 进行结构概念设计。依据结构原理和装配式结构的特点，对整体结构、安全与抗震设计等重点问题进行概念设计。

3. 确定结构拆分界面。包括确定预制范围、构件拆分界面的位置、接缝抗剪计算等。

4. 作用计算与系数调整。分析计算因装配式而发生变化的作用；调整剪力墙结构需按照规范要求加大现浇剪力墙部分的内力系数。

5. 确定连接方式，进行连接节点设计。选定连接材料，给出连接方式，按照试验验证的要求，对后浇混凝土连接节点进行设计。

6. 预制构件设计。对预制构件的承载力和可能发生的变形进行计算（包括在脱模、翻转、吊运、存放、运输、安装和安装后临时支撑时的承载力和变形验算），给出各种工况的吊点、支撑点的设计；设计预制构件形状尺寸图、配筋图；进行预制构件结构设计，

① 张文豪．装配式剪力墙套筒灌浆连接灌浆过程研究［D］．合肥：安徽建筑大学，2022：5.

建筑、装饰、水暖电等专业需要在预制构件中埋设的管线、预埋件、预埋物、预留沟槽，连接需要的粗糙面和键槽要求，制作、施工环节需要的预埋件等，都应无一遗漏地汇集到构件制作图中；给出构件制作、存放、运输和安装后临时支撑的要求，包括临时支撑拆除条件的设定。

7. 夹心保温板结构设计。选择夹心保温构件拉结方式和拉结件；进行拉结节点布置、外叶板结构设计和拉结件结构计算；明确给出拉结件的物理力学性能要求与耐久性要求；明确给出试验验证的要求。

（二）装配式混凝土建筑结构的概念设计

装配式混凝土建筑结构设计应进行结构概念设计，主要包括以下内容。

1. 整体性设计

对装配式混凝土结构中不规则的特殊楼层及特殊部位，需从概念上加强其整体性。例如，因平面凹凸及楼板不连续形成的弱连接部位、层间受剪承载力突变造成的薄弱层、侧向刚度不规则形成的软弱层、挑空空间形成的穿层柱等部位和构件，不宜采用预制。

2. “强柱弱梁”设计

“强柱弱梁”是为了保证框架柱不先于框架梁被破坏，因为框架梁破坏是局部性构件破坏，而框架柱破坏将危及整个结构安全。设计要保证竖向承载构件“相对”更安全。

装配式结构有时为满足预制装配和连接的需要，无意中会带来对“强柱弱梁”的不利因素（如叠合楼板实际断面增加或实配钢筋的增多、梁端实配钢筋的增加等），须引起重视。

3. “强剪弱弯”设计

预制梁、预制柱、预制剪力墙等结构构件设计都应以实现“强剪弱弯”为目标。比如，将附加筋加在梁顶现浇叠合区内，会导致框架梁受弯承载力的增强，可能改变原设计的弯剪关系。

“弯曲破坏”是一种延性破坏，有显性预兆特征（如开裂或下挠变形过大等）；而“剪切破坏”是一种脆性破坏，没有预兆，是瞬时发生的。结构设计要避免先发生剪切破坏。

4. “强节点弱”构件设计

“强节点弱”构件就是要保证梁柱节点核心区不能先于构件出现破坏。由于大量梁柱纵筋在后浇节点区内连接、锚固、穿过，钢筋交错密集，因此设计时应考虑采用合适的梁柱截面，留有足够的梁柱节点空间以满足构造要求，确保核心区箍筋设置到位、混凝土浇筑密实。

5. 强接缝结合面弱斜截面受剪设计

装配式结构的预制构件接缝在地震设计工况下要实现强连接，保证接缝结合面不先于斜截面发生破坏，即接缝结合面受剪承载力应大于相应的斜截面受剪承载力。后浇混凝土、灌浆料或坐浆料与预制构件结合面的黏结抗剪强度往往低于预制构件本身混凝土的抗剪强度，因此实际设计中需要附加结合面抗剪钢筋或抗剪钢板。

二、装配式混凝土结构的应用范围

装配式混凝土结构是将混凝土预制构件在工厂进行生产、运输到现场进行组装的结构体系，其应用范围非常广泛。包括但不限于以下方面。

第一，住宅建筑：装配式混凝土结构已经被广泛应用于住宅建筑领域，例如公寓楼、别墅、社区建筑等，因其具有可靠、安全、灵活、节能等优点，能够在保证质量的同时提高建筑的进度和效率。

第二，商业建筑：如写字楼、商业综合体、商场等。这些建筑结构对于安全性、稳定性、耐久性等方面的要求非常高，采用装配式混凝土结构能够满足这些要求，同时又能够提高建筑的生产进度和效率。

第三，工业建筑：如厂房、仓库、物流中心等。这些建筑结构对空间利用率、承重能力、打通管线等方面的要求比较高，装配式混凝土结构能够有效地提高建筑的可靠性和稳定性，同时提高建筑的生产进度和效率。

第四，文化设施：如博物馆、图书馆、体育馆等。这些建筑结构既对外观和设计要求较高，又对内部声学、照明、通风、温度等方面的要求也比较高，装配式混凝土结构能够满足这些要求，并能够提高建筑的生产进度和效率。

第三节　装配式混凝土结构连接方式与构件制作

一、装配式混凝土结构连接方式

（一）湿连接

湿连接是装配整体式混凝土结构的主要连接方式，包括钢筋套筒灌浆连接、浆锚搭接、后浇混凝土连接、叠合层连接、粗糙面与键槽等。

1. 钢筋套筒灌浆连接

“钢筋套筒灌浆技术主要用于装配式混凝土结构的构件连接。”① 这种连接方式是将需要连接的带筋钢筋插入金属套筒进行“对接”，在套筒内注入高强且有微膨胀特性的灌浆料，灌浆料凝固后会在套筒筒壁与钢筋之间形成较大压力，在钢筋带筋的粗糙表面产生摩擦力，由此传递钢筋的轴向力。

套筒分为全灌浆套筒和半灌浆套筒。全灌浆套筒是接头两端均采用灌浆方式连接钢筋的套筒；半灌浆套筒是一端采用灌浆方式连接、另一端采用螺纹连接的套筒。

钢筋套筒灌浆连接是装配式混凝土建筑竖向构件连接应用最广泛、最可靠的连接方式。

2. 浆锚搭接连接

浆锚搭接是将需要连接的钢筋插入预制构件的预留孔内，在孔内灌浆锚固该钢筋，使之与孔旁的钢筋形成“搭接”。两根搭接的钢筋被螺旋钢筋或箍筋约束。

浆锚搭接连接按照成孔方式可分为金属波纹管浆锚搭接和螺旋内模成孔浆锚搭接。前者通过埋设金属波纹管形成插入钢筋的孔道；后者在混凝土中埋设螺旋内模，混凝土达到强度后将内模旋出，形成孔道。

装配式混凝土建筑相关国家标准和行业标准规定，浆锚搭接可用于框架结构 3 层（不超过 12 m）以下；对剪力墙结构没有明确限制，但规定了若边缘构件全部采用浆锚搭接，则建筑最大适用高度应比现浇建筑降低 30 m。

3. 后浇混凝土连接

后浇混凝土是指预制构件安装后与相邻构件连接处的现浇混凝土。在装配式混凝土建筑中，基础、首层、裙楼和顶层等部位的现浇混凝土称作现浇混凝土；构件连接部位的现浇混凝土称作后浇混凝土。

后浇混凝土是装配整体式混凝土结构非常重要的连接方式。世界上所有装配整体式混凝土建筑都有后浇混凝土。它包括柱连接，柱、梁连接，梁连接，剪力墙横向连接等。钢筋连接是后浇混凝土连接节点最重要的环节，连接方式包括以下内容。

（1）机械套筒连接。机械套筒连接是指使用机械方法（“螺纹法”或“挤压法”）将两个构件伸出的纵向受力钢筋连接在一起。

---

① 季元，张强，刘伟．钢筋套筒灌浆连接质量检测技术及质量控制策略探索［J］．江苏建筑职业技术学院学报，2022，22（04）：35.

（2）注胶套筒连接。注胶套筒与灌浆套筒原理相似，通过向套筒内注胶形成钢筋连接，在日本普遍用于梁的受力钢筋连接。

（3）锚环钢筋连接。锚环钢筋连接用于墙板之间的连接。相邻的预制墙板伸出锚环叠合，将钢筋插入锚中，再浇筑混凝土使之形成一体。

（4）钢索钢筋连接。钢索钢筋连接是锚环钢筋连接的改造版，用钢索替换了锚环。预埋伸出钢索比伸出锚环更方便，适用于构件自动化生产线，现场安装也更加简单。

4. 叠合层连接

叠合构件是一种由预制层和现浇层相互结合而成的建筑构件体系，其中包括叠合梁、叠合楼板、叠合阳台板等组成部分。这种构件的设计和施工方法旨在充分发挥预制和现浇两种施工技术的优势，以达到更高的结构性能和施工效率。

在叠合构件中，预制层和现浇层相互协同工作，各自发挥其特点。预制层通常在工厂内进行制造，具有高度的质量控制和预制精度。这使得构件能够在施工现场快速安装，从而节省施工时间。现浇层则提供了灵活性，能够更好地适应现场实际情况，满足特定的设计要求。

叠合梁是叠合构件的常见应用之一，这种构件通常用于大跨度建筑结构中，能够有效地支撑大跨度的屋顶或楼板。叠合楼板是在楼层之间的水平结构构件，能够提供较大的荷载承受能力和稳定性。叠合阳台板则是一种在建筑外部提供空间的构件，通过叠合结构的设计，既保证了阳台的坚固性，又提高了安装效率。

5. 粗糙面与键槽

预制混凝土构件与后浇混凝土、灌浆料、坐浆材料的接触面须做成粗糙面或键槽，以提高其抗剪能力。

（1）粗糙面。对于制作时的抹压面（如叠合板、叠合梁表面），可在混凝土初凝前“拉毛”形成粗糙面。对于模具面（如梁端、柱端表面），可在模具上涂刷缓凝剂，拆模后用水冲洗未凝固的水泥浆，露出骨料，形成粗糙面。

（2）键槽。键槽是机械连接件中的一种常见结构，通常用于连接两个零件，起到传递扭矩、避免相对转动等作用。键槽通常是在轴或轴套等机械零件上加工，在轴上呈长条状，与零件上的孔配合使用。键槽的加工方法有很多种，其中一种是靠模具凸凹成型。这种加工方法通常使用冲压工艺，将轴放入模具中，通过模具内凸出的凸台和凹陷的凹槽对轴进行变形，形成键槽。与传统的加工方法相比，这种方法具有加工速度快、成本低等优点，可以批量生产。需要注意的是，通过模具凸凹成型的方法加工的键槽，其精度和质量可能会受到模具精度、材料硬度等因素的影响，在选择加工方式时需要根据具体的要求来进行决策。

（二）干连接

干连接，顾名思义就是不使用混凝土、灌浆料等湿材料，而是像钢结构一样，用螺栓或焊接方式连接。全装配式混凝土结构采用干连接方式，装配整体式混凝土建筑的一些非结构构件（如外挂墙板、ALC板、楼梯板等）也常采用干连接方式。

1. 螺栓连接

螺栓连接是装配式混凝土结构中常见的一种连接方式，通过将螺栓和预埋件等连接件固定在混凝土结构的特定位置上，将不同结构体系上的构件连接在一起，使结构体系形成一个整体，具有传递荷载的功能。

在装配整体式混凝土结构中，螺栓连接通常用于外挂墙板、楼梯和低层房屋等非主体结构构件的连接。这些构件的强度和刚度要求相对较低，而且不能承受主体结构的重量，因此螺栓连接的主要作用是将它们与主体结构进行连接并固定，从而使整个结构能够承受一定的荷载。螺栓连接的优点在于，它具有固定牢固、简单方便、拆卸容易的特点，适用于多种不同的连接要求。

在螺栓连接中，预埋件通常在混凝土浇注前就预先安放在混凝土模内，多以U型形式固定在模板上，伸向混凝土中。螺栓用于连接预制构件上的孔洞和预埋件中的孔洞，连接件用于将预制构件和预埋件紧密连接在一起。

在螺栓连接的设计和应用中，还有一些需要注意的细节问题。例如，在进行螺栓连接时需要注意预埋件的位置和尺寸，以及螺栓的类型和规格；连接时需要根据实际情况选择合适数量的螺栓，以确保连接强度；在设计和施工过程中，要根据工作条件和现场要求制订出相应的技术方案，以保证施工的质量和安全。

总之，螺栓连接是装配式混凝土结构中常用的一种连接方式。在设计和施工过程中，需要根据实际情况选择合适的螺栓连接方案，并严格按照规范和标准进行施工操作，保证连接的强度和安全。

2. 焊接连接

焊接连接是在装配式混凝土结构中的应用也很广泛。它通过在预制混凝土构件中预埋钢板，将构件之间用类似于钢结构一样的焊接方式进行连接，从而形成具有承载功能的焊接结构，结构稳定性和承载力性能良好。与螺栓连接类似，焊接连接在装配整体式混凝土结构中主要用于非结构构件的连接，而在全装配式结构中可用于结构构件的连接。

在全装配式混凝土结构中，焊接连接通常用于连接结构构件，如梁柱之间的连接。在这种情况下，预制构件的质量要求较高，测量和加工都要求较高的精准度，只有预埋钢板的位置和尺寸都保证了高精准度，焊接连接才能稳定。

在装配整体式混凝土结构中，焊接连接主要用于非主体构件的连接。由于非主体构件的结构和尺寸较小，为保持稳定性，常常采用钢板的焊接连接方式。这种连接方式的焊接点接触面积大，连接牢固，可以提供高度的防震性和耐热性，还能避免连接件之间的噪声。

总之，焊接连接是一种常见的装配式混凝土结构连接方式。无论是全装配式结构中的结构构件连接，还是装配整体式结构中的非主体构件连接，都可以采用焊接连接。在设计和建造焊接连接时，需要选择合适的焊接方法和焊接工艺，还需要遵守相关的安全和质量规定，严格执行工艺标准和程序，以确保施工质量和安全。

3. 搭接

搭接可以将梁或楼板等构件直接搭接到柱帽、梁上，实现构件之间的连接，形成整体。

在全装配式混凝土结构中，搭接通常是将构件按照设计要求先行预制出来，然后在工地上进行组装，最终形成一个整体。搭接的优点之一是连接稳定可靠。搭接节点处的构件可以很好地互相支撑、配合，组成一个牢固的整体，承受荷载时也能够有力地传递荷载，确保了结构的整体稳定性。同时，搭接简单快捷，不需要任何附加的连接辅助工具，施工也相对方便。

搭接的设计和应用，需要考虑到不同构件的材料、尺寸和重量等因素，再进行细致的设计和计算。在搭接节点处设置限制销是一种常见的措施。将限制销固定在搭接的两个构件中间，可以防止构件的相对移动，确保搭接连接的稳固和安全。

搭接在不同的工程和建筑项目中的适用程度存在一定差异。对于结构要求较高的工程，尤其是超高层建筑，搭接方式一般需要结合其他连接方式，如预应力技术和钢筋混凝土等，以更加稳定的连接方式来实现。

总之，搭接作为一种常见的全装配式混凝土结构连接方式，具有连接稳定可靠、施工简单快捷等优点。在实际应用中，需要根据结构要求及环境条件等因素，选择适合的连接方案和措施，以保证结构的稳定性和安全性。

二、装配式混凝土结构构件制作

（一）预制构件生产流程

预制混凝土构件的主要生产环节包括模具制作、钢筋与预埋件加工、混凝土构件制作、工厂车间与施工。

1. 模具制作

最常用的模具是钢模具，也可用铝材混凝土、超高性能混凝土、GRC 制作模具。对造型或质感复杂的构件，还可以用硅胶、常温固化橡胶、玻璃钢、塑料、木材、聚苯乙烯、石膏等制作模具。模具的设计与制作主要有以下要求：

（1）形状与尺寸准确。

（2）有足够的强度和刚度，不易变形。

（3）立模和较高模具有可靠的稳定性。

（4）便于安放钢筋骨架。

（5）穿过模具的伸出钢筋孔位准确。

（6）固定灌浆套筒、预埋件、孔眼内模的定位装置位置准确。

（7）模具各部件之间连接牢固，接缝紧密，不漏浆。

（8）装拆方便，容易脱模，脱模时不损坏构件。

（9）模具内转角处平滑。

（10）便于清理和涂刷脱模剂。

（11）便于混凝土入模。

（12）钢模具既要避免焊缝不足导致连接强度过弱，又要避免焊缝过多导致模具变形。

（13）造型和质感表面模具与衬模结合牢固。

（14）满足周转次数要求。

2. 钢筋与预埋件加工

预制构件是在工厂或生产现场提前制造完成的建筑构件，然后在现场进行组装和安装的一种建筑施工方法。这些构件通常是经过精密的制造和质量控制，以确保其符合设计标准并具有一致的质量。

钢筋加工包括钢筋调直、剪裁、成型、组成钢筋骨架、灌浆套筒与钢筋连接、金属波纹管或孔内模与钢筋骨架连接、预埋件与钢筋骨架连接、管线套管与钢筋骨架连接、保护层垫块固定等。

自动化加工钢筋的范围包括钢筋调直、剪裁、单根钢筋成型（如制作钢箍）、规则的单层钢筋网片、钢筋桁架焊接成型、钢筋网片与钢筋桁架组装为一体等。目前，世界上只有极少的板式构件（如叠合板钢筋）可以实现全自动化加工和入模，其他构件都须借助于手工方式加工。

手工加工方式中，钢筋调直、剪切、成型等环节一般通过加工设备完成，再由人工进行绑扎或焊接形成钢筋骨架。钢筋加工主要有以下基本要求：

（1）钢筋、焊条、灌浆套筒、金属波纹管、预埋件和保护层垫块等材料应符合设计与规范要求。

（2）钢筋焊接和绑扎应符合规范要求。

（3）钢筋尺寸、形状，钢筋骨架尺寸、保护层垫块位置等应符合设计要求，误差在允许偏差范围内。

（4）附加的构造钢筋（如转角处、预埋件处的加强筋等）应没有遗漏，位置准确。

（5）套筒、波纹管、内模、预埋件等位置应准确，误差在允许偏差范围内；安装牢固，不会在混凝土振捣时移位、偏斜。

（6）外露预埋件应按设计要求进行防腐处理。

3. 混凝土构件制作

（1）构件制作工序。

构件制作的主要工序是：模具就位组装→清理模具→涂脱模剂→在有粗糙面要求的模具部位涂缓凝剂→钢筋骨架就位→灌浆套筒、浆锚孔内模、波纹管安装固定→预埋件就位→隐蔽验收→混凝土浇筑→蒸汽养护→脱模起吊堆放→对粗糙面部位冲洗掉水泥面层→脱模初检→修补→出厂检验→出厂运输。

（2）夹心保温板制作。

夹心保温板的外叶板与内叶板不可同一天浇筑。若在同一天浇筑，外叶板开始初凝时，内叶板作业尚未完成，会扰动拉结件，使之锚固不牢，导致外叶板在脱模、安装或使用过程中脱落，形成安全隐患甚至引发事故。

4. 工厂车间与设施

预制构件工厂车间和设施包括钢筋加工车间、混凝土搅拌站、构件制作车间、构件堆放场、表面处理车间、试验室、仓库等，其中钢筋加工车间、构件生产车间须布置门式起重机；构件堆放场须布置龙门吊。

（二）构件制作工艺

预制混凝土构件制作工艺分为固定方式和流动方式两种。固定方式包括固定模台工艺、独立模具工艺、集约式立模工艺、预应力工艺等，模具固定不动。流动方式中模具在流水线上移动，包括流动模台工艺、自动化流水线工艺、流动式集的组合立模工艺等。不同制作工艺的适用范围不一样，优缺点各不相同，具体阐述如下。

1. 固定方式

（1）固定模台工艺。固定模台工艺是指用平整度较高的钢平台作为预制构件底模，在模台上固定构件侧模，组合成完整模具。

固定模台工艺的模具固定不动，组模、放置钢筋与预埋件、浇筑振捣混凝土、养护构件和拆模都在固定模台上进行。钢筋骨架用吊车送到固定模台处；混凝土用送料车或送料吊斗送到固定模台处；蒸汽管道也通到固定模台下，就地覆盖养护。构件脱模后被吊运到构件存放区。

固定模台工艺可以生产柱、梁、楼板、墙板、楼梯、飘窗、阳台板和转角构件等各类构件。其优势是适用范围广，灵活方便，适应性强，启动资金较少，见效快。固定模台工艺是目前世界上装配式混凝土预制构件中运用最多的工艺方式。

（2）独立模具工艺。独立模具是指带底模的模具，不用在模台上组模，又包括水平独立模具和立式独立模具。水平独立模具是“躺”着的模具，如制作梁、柱的 U 形模具；立式独立模具是“立”着的模具，如立着的柱子、T 形板、楼梯等模具。独立模具工艺有占地面积小、构件表面光洁、可垂直脱模、不用翻转等优点。独立模具的生产工艺流程与固定模台工艺一样。

（3）集约式立模工艺。集约式立模是指多个构件并列组合在一起制作模具的工艺，可用来生产规格标准、形状规则、配筋简单且不出筋的板式构件（如轻质混凝土空心墙板等）。

2. 流动方式

流动方式包括流动模台工艺与自动化流水线工艺。具体如下：

（1）流动模台工艺的预制构件流水生产线属于流动模台工艺。流动模台工艺是将标准定制的钢平台（一般为 4 m×9 m）放置在流动模台生产线滚轴上移动。先在组模区组模；然后移到钢筋入模区段进行钢筋和预埋件入模作业；再移到浇筑振捣平台上进行混凝土浇筑；完成浇筑后模台下的平台开始振动，进行振捣；之后，模台移到养护窑养护；养护结束出窑后，移到脱模区脱模，构件或被吊起，或在翻转台翻转后吊起，最后运送到构件存放区。

目前，流动模台工艺在清理模具、画线、喷涂脱模剂、振捣和翻转环节实现或部分实现了自动化，但在最重要的模具组装、钢筋入模等环节还须人工干预。

流动模台工艺适宜生产板式构件。如制作大批量同类型构件，流动模台工艺可以提高生产效率，节约能源，降低工人劳动强度。目前我国装配式建筑以剪力墙为主，构件的一边预留套筒或浆锚孔，另外三边出筋，且出筋复杂，因而很难实现自动化。

（2）自动化流水线工艺。自动化流水线由混凝土成型流水线和自动钢筋加工流水线两部分组成，通过电脑编程软件控制，将这两部分设备自动衔接起来。它实现了设计信息输入、模板自动清理、机械手画线、机械手组模、脱模剂自动喷涂、钢筋自动加工、钢筋机械手入模、混凝土自动浇筑、机械自动振捣、电脑控制自动养护、翻转机、机械手抓取边模入库等全部工序的自动化，是真正意义上的自动化流水线。

自动化流水线一般用来生产叠合楼板和双面叠合墙板以及不出筋的实心墙板。但自动化流水线价格昂贵，适用范围较窄，加之目前国内板式构件大都需要出筋，适用于自动化流水线的构件不多。

第四节　装配式混凝土结构施工质量控制

一、设计环节质量控制

设计环节的质量控制应满足以下要求。

第一，在确定方案、选择结构体系时，充分考虑项目整体的功能性、适宜性和经济性。

第二，在结构设计时，考虑整体性、强柱弱梁、强剪弱弯、强接缝弱构件、套筒连接点避开塑性铰等因素。

第三，根据项目实际情况和约束条件优化拆分设计，兼顾合理性与经济性。

第四，设计负责人应组织建筑、结构、装修、水电暖通各专业进行协同设计，避免须埋设在预制构件里的预埋件、预埋物、预留孔洞被遗漏或位置不准。

第五，设计负责人应联系甲方，负责组织与制作和施工企业进行协同设计，避免制作、施工环节需要的预埋件、吊点被遗漏或位置不准。

第六，避免各种预埋件、预埋物与钢筋、伸出钢筋干涉，或因拥堵无法正常浇筑、振捣混凝土。

第七，对钢筋连接件与材料（如灌浆套筒、金属波纹管、灌浆料等）给出明确具体的性能要求以及试验验证要求。

第八，需保证套筒箍筋保护层厚度，如会带来受力钢筋在截面中相对位置的变化，需进行复核计算。如有需要，须及时采取调整措施。

第九，给出夹心保温板内、外叶板拉结件的选用、布置、锚固构造及耐久性设计。

第十，给出外挂墙板活动支座的构造设计，避免全部采用刚性支座。

第十一，给出不对称构件的吊点平衡设计，避免起吊时构件歪斜而无法安装。

第十二，给出构件存放与运输的支承点、支承方式和存放层数的设计，捆绑方式吊装构件的捆绑点位置设计。

第十三，给出各类构件安装后的临时支撑设计。

第十四，给出防雷引下线和连接及其连接点耐久性设计。

第十五，选择压缩比符合接缝设计要求的防水胶条以及适用于混凝土的建筑密封胶。

第十六，给出敞口构件临时拉结设计等。

二、材料与配件采购环节质量控制

除了按照设计要求和有关标准采购混凝土建筑常用材料外，关于装配式的专用材料与配件，采购质量控制主要包括以下内容。

第一，根据相关国家标准和行业标准规定的物理力学性能，按照设计要求，采购灌浆套筒、金属波纹管、机械套筒、夹心保温板拉结件、内埋式螺母和吊灯等零构件。

第二，根据相关国家标准和行业标准规定的物理力学性能和工艺性能，按照设计要求，选购灌浆料、坐浆料等材料。

第三，外挂墙板接缝用的防水橡胶条须满足设计要求的弹性指标。

第四，按设计要求选购适合混凝土基面的建筑密封胶。

第五，用于防雷引下线的镀锌钢带，镀锌层厚度需满足设计要求。

三、构件制作环节质量控制

构件制作环节的质量控制包含以下内容。

第一，混凝土强度和其他力学性能符合设计要求。由不同构件组成的复合构件（如梁柱一体化构件），当构件等级不同时，应避免出现混同错误。

第二，避免混凝土裂缝和龟裂。通过混凝土配合比控制、原材料质量控制、蒸汽养护升温/降温梯度控制、保护层厚度控制以及准确存放等措施，避免出现裂缝。

第三，保证钢筋与出筋准确。包括保证钢筋加工、成型、骨架组装的正确与误差控制，外伸连接钢筋直径、位置、长度的准确与误差控制。

第四，保证灌浆套筒位置正确。保证套筒位置和垂直度在允许误差内，固定牢固，不会在混凝土振捣时移位歪斜。

第五，保证保护层厚度。正确选用和布置保护层垫块，避免钢筋骨架位移导致保护层不够甚至露筋。

第六，保证预埋件、预埋物和孔洞位置在误差允许范围内。

第七，保证构件尺寸误差在允许范围内。确保模具质量和组模质量符合构件精度要求。

第八，保证混凝土的外观质量。通过保证模具的严密性和浇筑、振捣等操作，保证混凝土的外观质量。

第九，保证养护质量。

第十，保证夹心保温板的制作质量。内、外叶板宜分两天制作，特别要防止拉结件锚固不牢、保证保温层铺设质量等。

第十一，做好门窗一体化构件的防水构造。

第十二，做好半成品和成品的保护，避免磕碰。

四、存放运输环节质量控制

存放运输环节的质量控制包含以下内容。

第一，支承位置、方式与层数存放，垫块、垫方和靠放架，都应符合设计要求。

第二，避免因存放不当导致的构件变形。

第三，采取防止立式存放构件倾倒的可靠措施。

第四，采取避免磕碰和污染的可靠措施。

五、施工环节质量控制

施工环节的质量控制包含以下内容。

第一，现浇混凝土伸出的钢筋位置与长度误差在允许范围内。

第二，避免灌浆孔被堵塞。

第三，竖向构件斜支撑地锚与叠合板桁架筋连接，避免现浇叠合层时因混凝土强度不足导致地锚被拔起。

第四，构件的安装误差在允许范围内，竖向构件控制好垂直度。

第五，按设计要求进行临时支撑。

第六，竖向构件安装后应及时灌浆，避免隔层灌浆。

第七，确保灌浆质量，避免出现灌浆料配置错误、使用延时、灌浆不饱满或不到位的情况。

第八，剪力墙结构水平现浇带浇筑混凝土后，在安装上层构件前应探测混凝土强度。如果强度较低，须采取必要的改善措施。

第九，后浇混凝土模具应牢固，避免胀模和夹心保温板外叶板探出部分被混凝土挤压外胀。

第十，后浇混凝土应与钢筋连接正确且外观质量好，同时采取可靠的养护措施。

第十一，防雷引下线连接部位的防腐处理应符合设计要求。

第十二，避免将外挂墙板的活动支座锁紧而变成固定支座。

第十三，做好外挂墙板和夹心保温剪力墙外叶板的接缝防水施工。

第十四，做好成品保护。

第六章　装配式建筑设计中的创新技术应用

第一节　装配式建筑的集成

装配式建筑混凝土结构、钢结构和木结构的相关国家标准都强调了装配式建筑的集成化。“随着信息技术、互联网、物联网、工业 4.0 技术的发展，新一轮建筑工业化为未来的建筑变革提供了重要的技术基础。新的建造方式必将带来新的设计理念、新的设计美学和新的建筑价值观，而‘集成’也将作为新一轮建筑工业化的核心。”① 集成化就是一体化，集成化设计就是一体化设计，在装配式建筑设计中，集成化设计建筑结构系统、外围护系统、设备与管线系统和内装系统的一体化设计。

一、集成的类型

集成化是很宽泛的概念，或者说是一种设计思维方法。集成有着不同的类型，如多系统统筹设计、多系统部品部件设计等具体说明如下。

（一）多系统统筹设计（A 型）

多系统统筹设计并非一定要设计出集成化的部品部件，而是指在设计中对各专业进行协同，对相关因素进行综合考虑与统筹设计。例如，在进行水电暖通各专业的管线设计时，应集中布置并综合考虑建筑功能、结构拆分和内装修等因素，各专业的竖向管线应集中布置，能减少穿过楼板的部位。

（二）多系统部品部件设计（B 型）

多系统部品部件设计是将不同系统单元集合成一个部品部件。例如，表面装饰层的夹

---

① 白杨．装配式建筑技术集成应用研究［J］．工程建设与设计，2019（12）：178.

心保温剪力墙板就是结构、门窗、保温、防水和装饰的一体化部件，集成了建筑、结构和装饰系统；再如，集成式厨房包含了建筑、内装、给水、排水、暖气、通风、燃气和电气各专业内容。

（三）多单元部品部件设计（C型）

多单元部品部件设计是指将同一系统内不同的单元组合成部品部件。例如，柱和梁都属于结构系统，但分别属于不同的单元，有时候为了减少结构连接点，会将柱与梁设计成一体化构件，如莲藕梁。欧洲的装配式建筑有些墙板是梁-墙一体化构件，即把梁做成扁梁，与墙板一体化浇筑，也称“暗梁”，简化了施工。

（四）支持型部品部件设计（D型）

支持型部品部件，是指单一型的部品部件（如柱子、梁、预制楼板等），虽然没有与其他构件进行集成，但包含了对其他系统或环节的支持性元素，需要在设计时统一考虑。例如，预制楼板预埋了内装修需要的预埋件、预制梁预留了管线穿过的孔洞。

二、集成的原则

集成设计的原则有助于指导集成设计的过程，以创建更加综合、高效和可持续的系统。不同的项目和行业可能会有不同的需求和约束条件，因此在实际应用中需要根据具体情况进行调整和适应。一般来说，集成设计应遵循以下原则。

（一）实用原则

集成的目的是保证和丰富功能、提高质量、减少浪费、降低成本、减少人工和缩短工期等，既不是为了应付规范要求或预制率指标，更不是为了作秀吸引眼球。

（二）统筹原则

不能简单地把集成化看成是仅仅设计一些多功能的部品部件，集成化设计中最重要的是遵循统筹原则，对各种因素进行综合考虑，做整体性的设计，寻求最优的设计方案。

（三）信息化原则

集成设计是多专业、多环节协同设计的过程，必须建立信息共享渠道和平台，包括各

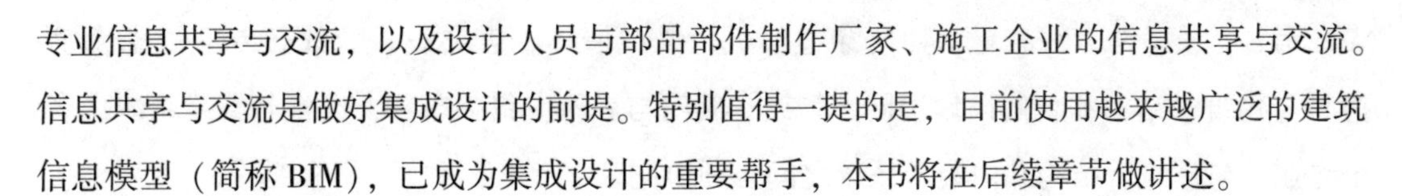

专业信息共享与交流，以及设计人员与部品部件制作厂家、施工企业的信息共享与交流。信息共享与交流是做好集成设计的前提。特别值得一提的是，目前使用越来越广泛的建筑信息模型（简称 BIM），已成为集成设计的重要帮手，本书将在后续章节做讲述。

（四）效果跟踪原则

设计人员应当跟踪集成设计的实现过程和使用过程，找出问题，避免重复犯错误。这就是遵循了集成设计中的效果跟踪原则。

第二节　装配式建筑的协同设计

装配式建筑的协同设计是指综合考虑各专业（建筑、结构、装修、设备与管线系统等）、各环节（设计、工厂和施工）进行一体化设计。

一、协同设计的要点

第一，设计协同的首要原则是对各专业、各环节和各要素的统筹考虑，在设计实施之前就应启动，并贯穿整个设计过程。

第二，设计单位建立以建筑师和结构工程师为主导的设计团队，负责协同，明确协同责任。

第三，设计单位建立信息交流平台。组织各专业、各环节之间的信息交流和讨论。

第四，设计单位采用“叠合绘图”方式，把各专业相关设计汇集在一张图上，以便更好地检查“碰撞”与“遗漏”。

第五，设计单位设计早期即与制作工厂和施工企业进行互动。

第六，设计单位装修设计须与建筑结构设计同期展开。

第七，设计单位使用 BIM 技术手段进行全链条信息管理。

二、协同设计的主要内容

协同设计内容繁多，这里只是给出概略，重在建立起“拉清单”的思路。

第一，外围护系统设计需要建筑、结构、电气（防雷）和给水（太阳能一体化）等专业协同。

第二，设备与管线布置，如何穿过楼板、梁或墙体，需要设备管线各专业（避免碰撞）与建筑、结构和装修设计协同。管线、阀门与表箱应集中布置，设备与管线系统内各个专业、与建筑、结构和内装等系统之间必须协同。

第三，设备与管线系统各专业埋设或敷设管线和安装设备等，需埋置预埋件、预埋物或预留孔洞；在预制构件中，需将各专业与装配式有关的所有要求和节点构造准确、定量、清楚地表达在建筑、结构和预制构件制作图中。

第四，进行集成式厨房和集成式卫生间设计或选用时，需要建筑、结构、装修、设备与管线系统各专业与部品制作厂家进行协同，包括室内布置关系、在预制构件里埋置安装部品的预埋件、设计管线接口和检修孔，等等。

第五，进行内装和整体收纳设计时，建筑、结构、装修和设备管线有关专业应进行协同。所有同装修有关的预埋件、预埋物和预留孔洞（甚至包括安装窗帘的预埋件）等，如果位于预制构件处，都必须落实到预制构件制作图上，不能遗漏。

第六，内装设计需要与其他专业协同的内容主要包括吊顶、墙体固定、整体收纳柜固定等预埋件布置。

第七，管线分离、同层排水和地热系统等，需要与建筑、结构、装修和设备管线系统等专业进行协同。

第三节　装配式建筑模数化与标准化设计

一、装配式建筑模数化设计

（一）模数的概念

建筑物的层高和跨度都要遵循特定的模数规则，以实现尺寸的协调和统一。层高的变化以 100 mm 为单位，设计中多使用 2. 8 m、2. 9 m、3. 0 m 等值，而不会使用 2. 84 m、2. 96 m、3. 03 m 等。这里的 100 mm，就是层高变化的模数。类似地，建筑物的跨度以 300 mm 为单位变化，多使用 3 m、3. 3 m、4. 2 m、4. 5 m 等值，而不是 3. 12 m、4. 37 m、5. 89 m 等。这里的 300 mm 是跨度变化的模数。

模数是一种选定的尺寸单位，用于协调和统一尺寸比例。建筑的基本模数用以表示，1 M 等于 100 mm。

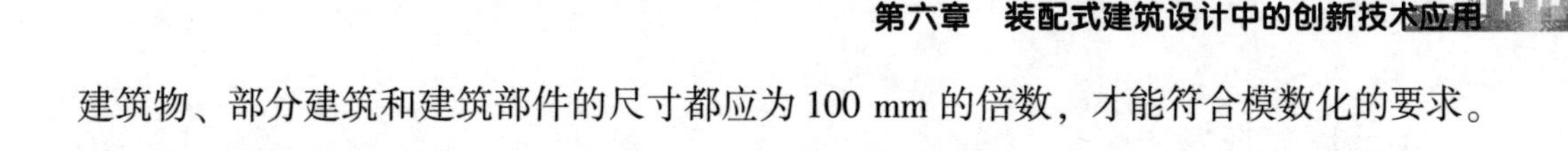

建筑物、部分建筑和建筑部件的尺寸都应为 100 mm 的倍数，才能符合模数化的要求。扩大模数是基本模数的整数倍，分模数是基本模数的整数分数。

对于装配式建筑，模数规定如下：

第一，开间、柱距、进深、跨度、门窗洞口等宜采用水平扩大模数，如 $2n\mathrm{M}$、$3n\mathrm{M}$（其中 n 为自然数）。

第二，层高、门窗洞口高度等宜采用竖向扩大模数数列 $n\mathrm{M}$。

第三，梁、柱、墙等部件的截面尺寸宜采用竖向扩大模数数列 $n\mathrm{M}$。

第四，构造节点和部件的接口尺寸宜采用分模数数列 $\frac{n}{2}\mathrm{M}$、$\frac{n}{5}\mathrm{M}$、$\frac{n}{10}\mathrm{M}$。

通过遵循模数规则，可以实现装配式建筑尺寸的统一和协调，提高施工效率并确保建筑结构的合理性。

（二）模数协调

模数协调是一种设计方法，基于确定的模数来规划建筑物和构件的尺寸。通过模数协调，我们可以实现建筑部件的工业化、机械化、自动化和智能化，能确保精确装配、降低成本。模数协调的具体目标如下。

第一，实现设计、制造和施工各环节以及各专业之间的协调。这意味着不同环节和专业之间要紧密配合，共同工作，确保整个过程的顺利进行。

第二，对建筑的各个部位进行尺寸分割，确定集成化部件和预制构件的尺寸和边界条件。这样可以使各个构件之间相互匹配、无缝连接，从而提高建筑的整体性和一致性。

第三，尽可能实现部件和配件的标准化。特别是使用频率较高的构件，应该优先考虑进行标准化设计。这样可以提高构件的生产效率、降低制造成本，并提供更好的互换性。

第四，模数协调有利于部件和构件的互换性，以及模具的共用性和可改用性。通过采用相同的模数，不同的部件和构件可以互相替换和共用，减少了重复设计和制造的工作量。

第五，模数协调有助于确定建筑部件和构件的定位和安装，确保其与功能空间的尺寸关系协调一致。这样可以避免尺寸不匹配和装配错误，提高施工效率和质量。

总的来说，模数协调是一种重要的设计方法，它通过确定模数和协调各个环节之间的关系，实现建筑部件的标准化、互换性，提高装配精度，从而提升施工效率和建筑质量，同时降低成本。

（三）允许误差

模数化设计还需要考虑合理的公差。在装配式建筑中，“装配”是至关重要的，而保证精确装配的前提是确定适当的公差，即允许的误差范围。公差包括制作公差、安装公差和位形公差。

制作公差是指在部件制作过程中产生的误差。它涉及材料、加工工艺和制造设备等方面，会影响到部件的尺寸和形状精度。

安装公差是为了确保与相邻部件或分部件之间的连接而需要的最小空间，也被称为“空隙”。例如，在外挂墙板之间需要适当的空隙，以便安装和调整。

位形公差是指在受到物理和化学的作用下，建筑部件或分部件所允许的位移和变形偏差。例如，墙板在受到温度变化影响时会发生一定的变形，即属于位形公差。

二、装配式建筑标准化设计

装配式建筑需要使用标准化和系列化的设计方法，以确保部件和连接方式的设计符合统一标准，包括以下方面：①尺寸的标准化，即确定一套统一的尺寸标准；②规格系列的标准化，即设计一系列符合规格标准的部件；③构造、连接节点和接口的标准化，即建立一套标准的构造和连接方式、接口规范。

通过采用这些标准化和系列化的设计方法，可以提高建筑部件之间的互换性、适应性和装配性，从而提高装配式建筑的效率和质量。尺寸的标准化是确保不同部件之间相互匹配的关键。通过确定统一的尺寸标准，可以确保各个部件在装配过程中的精确匹配，减少调整和改动。规格系列的标准化意味着一系列符合规格标准的部件可以根据实际需要进行组合和搭配。这样一来，设计师和建筑师就可以根据具体项目的要求选择适合的部件，而无须从头开始设计每个部件。构造、连接节点和接口的标准化有助于确保不同部件之间的连接牢固可靠，并且能够实现预期的功能。标准化的接口规范还使得各个部件之间可以方便地进行组装和拆卸，提高了整体建筑的可维护性。

通过采用这些标准化和系列化的设计方法，装配式建筑可以实现高度的模块化和工厂化生产，从而提高施工效率。同时，由于部件和连接方式经过了充分的标准化和测试，可以减少建筑过程中的错误和缺陷，提高建筑质量和安全性。

总之，标准化和系列化的设计方法对于装配式建筑的发展至关重要。通过确立统一的尺寸标准、设计符合规格标准的部件以及标准化的构造、连接方式和接口规范，可以提高

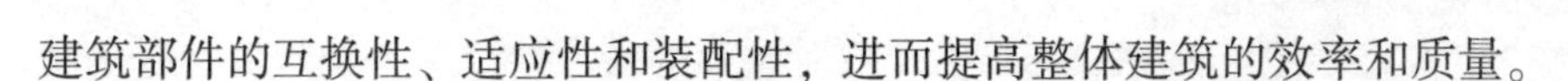

建筑部件的互换性、适应性和装配性，进而提高整体建筑的效率和质量。

（一）标准化覆盖范围

标准化并不是追求刻板的统一，装配式建筑在设计中需要考虑运输条件、地方习俗和气候环境等因素的影响，因此具有较强的地域性。在配件、安装节点和接口方面，可以要求实现较大范围的标准化；但受到运输、地方材料、气候、民俗等限制和影响的部件，则可以实行小范围的标准化。举例来说，钢筋连接套筒可以在全国范围内实现标准化，但对于小型建筑的外墙板而言，并没有必要也不可能实现完全一致的标准化，而可以根据各地区的特殊情况制定本地的标准。因此，在装配式建筑设计中，我们应综合考虑各种因素，灵活选择标准化的范围，以满足地域性要求并确保建筑的适应性和可行性。

（二）模块化设计

模块是指在建筑中相对独立、具有特定功能，并可以通用互换的单元。在装配式建筑中，部件和部件的接口应采用模块化设计。举例来说，集成式厨房就由多个模块组成，如灶台模块、洗涤池模块和厨房收纳模块等。

实施模块化设计需要建筑师具备较强的装配式意识、标准化意识和组合意识。

装配式建筑的模块化设计具有许多优势，如可实现高效的生产制造、便捷的运输和灵活的安装。通过模块化，可以加快施工进度、提高建筑质量，并且方便后期维护和更新。因此，在装配式建筑中，推行模块化设计是提升建筑的可持续性、适应性和经济性的有效方式之一。

第四节　BIM 技术在装配式建筑中的应用

一、BIM 技术在装配式 PC 构件中的应用

装配式建筑构件（PC 构件）是装配式混凝土预制构件的简称，是指以预制构件为主要受力构件，经过装配、连接而成的混凝土结构。PC 构件在预制工厂进行生产，由于制品形状、预埋件的复杂化，对设计、生产要求很高，有必要在装配式建筑构件生产中引入建筑信息模型（BIM）技术，提高这项产业的现代化水平。

（一）PC 构件分类与体系

1. PC 构件分类

根据构件特征和性能的不同，可以将 PC 构件划分为以下几类：预制楼板（包括预制实心板、预制空心板、预制叠合板和预制阳台预制梁（包括预制实心梁、预制叠合梁和预制 U 形梁）；预制墙（包括预制实心剪力墙、预制空心墙、预制叠合式剪力墙和预制非承重墙）；预制柱（包括预制实心柱和预制空心柱）；预制楼梯（包括预制楼梯段和预制休息平台）；其他复杂异形构件（如预制飘窗、预制带飘窗外墙、预制转角外墙、预制整体厨房卫生间和预制空调板）等。

2. PC 结构体系

预制装配式混凝土（PC）结构体系在现代建筑领域中扮演着重要的角色。预制装配式混凝土结构体系是一种先进的建筑技术，它具有许多优点和很大的应用价值。该体系使用预制墙板来承担结构的重量，通过混凝土后浇的方式形成稳固的建筑结构。竖向构件全部采用预制工艺，而水平构件则采用叠合的形式，这样可以减少现场模板的使用，从而减少施工环节，提高工作效率。

另一个重要的预制装配式混凝土结构体系是预制装配整体式框架结构体系。该体系采用预制柱、叠合梁、叠合板和预制墙板等构件来形成建筑结构。这种体系适用于大空间应用，同时还能改善现场施工环境。预制构件的吊装施工效率高，可以大幅缩短工期，提高整体工程进度。

结合框架和剪力墙的预制装配整体式框架–剪力墙结构体系也是一种常见的设计方案。在这种体系中，框架部分采用预制构件，而剪力墙则使用浇筑的框架–剪力墙结构。这种结构体系适用于高层建筑，因为它具有明确的受力机制和可靠的节点施工，能够满足高层建筑的严格要求。

此外，装配式混凝土墙板（PCF）结构体系也是一种常见的预制装配式混凝土结构。在这种体系中，墙板部分采用 PC 墙板，主要起非承重围护或分割作用。该体系使用外饰面反打工艺、门窗框预埋整体浇筑以及内含保温层等工艺，从而提高了墙体的整体性和耐久性。此外，表面平整的墙体也更易于装修，使整个建筑外观更加美观。

综上所述，预制装配式混凝土结构体系具有多种形式和应用。它们的共同特点是通过预制构件的使用，大幅提高了施工效率，缩短了工期。这些体系还能够满足不同类型建筑的要求，保证了结构稳定性、可靠性和美观性。随着建筑技术的不断发展，预制装配式混凝土结构体系将在未来的建筑领域中发挥更加重要的作用，为我们创造更加安全、高效和

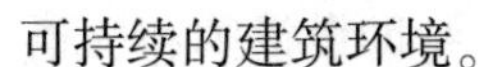

可持续的建筑环境。

（二）BIM 技术的 PC 建筑体系应用

1. BIM 技术在方案设计阶段的应用

在建筑领域，BIM 技术在方案设计阶段的应用广泛，并且越来越重要。BIM 技术通过数字化的建筑信息模型，提供了一个集成、协同的平台，用于方案设计阶段的各种任务和决策。

BIM 技术在方案设计阶段的应用有以下方面。

（1）空间规划和布局：BIM 技术可以帮助建筑师和设计团队在方案设计阶段创建虚拟的建筑模型，通过模型可视化和空间分析工具，探索不同的空间规划和布局方案。设计团队可以通过添加、删除或调整建筑元素（如墙壁、柱子、楼梯等），快速生成多个设计选项，并评估它们对功能需求、空间使用效率和人员流动的影响。

（2）建筑系统集成：BIM 技术可以将建筑的各种系统（如结构、机械、电气、给排水等）集成到一个统一的建筑信息模型中。在方案设计阶段，设计团队可以使用 BIM 软件来协调这些系统的布局和安装，确保它们相互配合、不冲突，并符合设计要求。通过 BIM 模型，设计团队可以进行碰撞检测和冲突分析，提前发现并解决系统之间的冲突，减少施工阶段的错误和变更。

（3）可视化和沟通：BIM 技术可以生成高质量的三维模型和渲染图像，帮助设计团队将方案设计呈现给决策者、业主和利益相关者。这些可视化效果可以更好地传达设计意图，提供直观的展示，使所有相关方能够更好地理解和评估设计方案。此外，BIM 模型还可以支持虚拟现实（VR）和增强现实（AR）技术，让相关人员可以更直接地沉浸式体验和参与设计。

（4）成本和时间分析：BIM 技术可以在方案设计阶段进行成本和时间分析，帮助设计团队评估不同设计选项的经济性和可行性。通过 BIM 模型，可以与建筑材料和构件库连接，自动生成材料清单和数量计算。此外，BIM 还可以集成施工进度和时序相关的信息，进行施工时间的模拟和优化，提前发现并解决潜在的工期问题。

综上所述，BIM 技术在方案设计阶段的应用可以提高设计效率、减少错误和冲突、改善沟通和决策，从而为建筑项目的成功实施奠定基础。

2. BIM 技术在构件连接和节点设计中的应用

BIM 技术在构件连接和节点设计中的应用可以提供更高效、更准确的建筑设计和施工过程。下面是一些 BIM 技术在构件连接和节点设计中的常见应用。

（1）可视化构件连接：BIM 技术可以通过三维建模和可视化工具，帮助设计师和工程师更好地理解构件之间的连接方式。通过在模型中精确标示构件连接细节，减少错误和冲突，并提前发现潜在的问题。

（2）构件库管理：BIM 技术可被用于创建和管理构件库，其中包含不同类型的构件及其相关属性和连接细节。设计师可以从库中选择适当的构件，通过拖放操作将其放置在模型中，并自动应用正确的连接细节。

（3）信息共享和协同设计：BIM 技术促进了不同团队成员之间的信息共享和协同设计。设计师、结构工程师和施工团队可以在同一模型中协同工作，共享构件连接和节点设计信息，以确保设计的一致性和正确性。

（4）碰撞检测和冲突解决：BIM 技术可以进行碰撞检测，通过分析构件之间的关系和连接细节，识别潜在的冲突和碰撞。这有助于提前发现并解决可能影响构件连接和节点设计的问题。

（5）结构分析和性能评估：BIM 技术可以集成结构分析工具，对构件连接和节点进行力学性能评估。通过在模型中定义连接细节和节点属性，可以模拟和分析不同荷载情况下的结构响应，并优化连接设计，以满足性能要求。

（6）施工模拟和序列规划：BIM 技术可以用于施工模拟和序列规划，帮助施工团队理解构件连接和节点设计在实际施工过程中的安装顺序和方法。这有助于提前发现潜在的施工冲突，并制定有效的施工计划。

总的来说，BIM 技术在构件连接和节点设计中的应用可以提高设计准确性、优化结构性能，并促进设计团队、结构工程师和施工团队之间的协同工作。通过综合考虑构件连接和节点设计的各个方面，BIM 技术可以改善建筑的质量，提高施工效率。

3. 应用 BIM 技术进行各专业信息检测

不同的建筑工程项目存在着专业信息分散的问题，会导致各个专业在不同阶段的信息交流困难，整合和共享建筑全寿命周期信息十分困难。而且在各个专业之间，缺乏一个共享的交互应用平台，会导致沟通交流过程中出现信息流失和传递失误。借助 BIM 技术，这一难题得到了有效的解决。在建筑行业中，施工阶段经常会出现“错漏碰缺”和“设计变更”，而这些问题往往会导致额外的建造费用和社会成本。

BIM 技术，可以使建筑、结构、机电和安装等专业之间能够共享唯一的 BIM 模型信息数据。借助这一共享平台，各个专业能够更加方便和容易地发现和解决专业内部以及专业之间存在的冲突问题。

通过 BIM 技术，各个专业可以将其专业信息整合到一个统一的模型中，实现全方位的信息交流。这种共享模型不仅包含了建筑物的几何信息，还包括了各个专业的设计参数、施工计划和设备安装等信息。通过共享这些信息，各个专业可以更好地协同工作，减少误解和冲突，从而提高项目的整体效率。

此外，BIM 技术还可以提供可视化的效果，使得各个专业能够更好地理解和沟通设计意图。通过虚拟现实和增强现实等技术，参与建筑项目的各方可以在虚拟环境中进行协作和交流，从而减少了实际施工过程中可能出现的错误和变更。

（三）BIM 技术在 PC 建筑运营阶段的应用

在运营阶段，主要是指物业管理的工作。物业管理是指管理企业受物业所有人的委托，根据双方签订的合同，对建筑物、机电设备、公用设施、绿化、卫生、环境等管理项目进行维护、修缮和整治。目前，物业管理的主要目的是确保上述项目的正常运行，重点是故障修复，保证项目的正常运行。

随着网络技术的应用和建筑功能复杂化、多样化、智能化的发展，物业管理范围变得更加庞大而复杂，建筑运营中的物业管理成本也越来越高。传统的管理方式已经无法适应物业管理中智能和信息手段应用发展的步伐。我国的物业管理水平相对较低，这是由多种因素造成的。首先，建设单位、设计院、施工承包商和物业公司之间缺乏紧密的合作。在建设阶段，很少考虑到运营阶段的节约和便利，更多的关注点是节省一次性投资和相关的时间精力。物业公司的人员也很少参与建设阶段的项目，对项目缺乏系统的了解。在物业管理过程中，人员流动等因素也会导致新来的工作人员对项目的管理资料不清楚，主要依靠经验进行管理。

BIM 技术可以有效解决目前 PC 建筑所面临的上述问题，实现精细化的运营管理。BIM 技术是一种集成了设计、施工和管理的数字化技术，通过建立建筑物的数字化模型，将建筑设计、工程施工和运营管理的各个环节紧密衔接起来。借助 BIM 技术，可以在建设阶段就考虑到运营阶段的需要，提前规划和预测运营过程中可能出现的问题，并制定相应的解决方案。BIM 技术还可以实现建筑设备的远程监控和故障诊断，提高运维效率和降低成本。此外，BIM 技术还可以实现与相关的数据共享和信息交流，提升整个物业管理系统的效率。

1. 增强建筑设施信息管理

装配式建筑的 BIM 模型具备多种功能，能够极大地便利 PC 构件属性的查询。通过该模型，可以直接获得 PC 构件的详细规格尺寸、参数信息以及厂家相关资料等外部连接。同时，还可以查询 PC 构件的其他格式文件，例如施工安装和维修过程中的图片。对于需要维修的隐蔽工程中的PC构件来说，无法直接观察到各种隐蔽构件，如建筑改造、设备维护、工程维修或二次装饰等工程都会面临一定的困难。然而，通过应用BIM技术，可以清晰地记录所有隐蔽部位构件的信息，避免基于粗略信息进行施工而导致的不必要的损害。

BIM技术还具备数据的单一性，一旦建筑物在运营阶段发生变动，这些变动信息可以直接记录在原有建筑BIM信息上，无须重新创建文件备案。这样，建筑信息就像一部建筑的历史纪录片，详细记录了所有与建筑相关的历史信息。这种记录方式确保了信息的完整性和连贯性，使得所有涉及建筑的变动都可以追溯到源头，为建筑管理和维护提供了极大的便利。

总之，装配式建筑的BIM模型不仅能够方便地查询PC构件的属性，还能提供详细的规格和参数信息，同时连接外部厂家信息和其他相关文件。它还能解决隐蔽工程维修中的困难，并保证数据的单一性，使建筑信息成为一份可靠的历史记录，为建筑行业的各个领域提供全面支持。

2. 提升灾害应急和维护管理水平

通过结合BIM和射频识别（RFID）技术，可以构建一个信息管理平台，用于建立PC构件及设备的运营维护系统。这个系统能够集成和统一管理建筑信息，并辅助管理人员进行日常的建筑运营管理和突发事件的应急处理。利用BIM技术，可以详细记录日常建筑维护和维修情况，针对需要定期维护保养或更换的部件，通过分析之前的相关信息，提供更优质的服务。同时，这些工作记录也会被保存在BIM信息系统中，供未来的工作者借鉴，实现建筑信息的更新与良性循环应用。

BIM技术能够实现PC建筑的全寿命周期信息化应用，基于BIM的灾害应急管理预案可以为PC建筑发生紧急情况后提供高效可行的应急处理办法。

（1）通过BIM数据库和BIM模型，可以迅速地三维定位事故构件，同时检索日常维护、维修等管理信息，以了解事故构件的历史情况。

（2）基于BIM模型，可以进行处理方案的比选和决策，通过虚拟仿真比选出最佳的处理方案和实施流程。

（3）利用BIM数据库和BIM模型的资料，可以指挥和管控灾害应急现场，减少重复的图纸查阅和资料整理等工作。

（4）在使用BIM进行灾害处理的同时，将当前的灾害信息输入BIM数据库中，BIM模型会自动更新，为后续的管理工作提供真实可靠的信息。

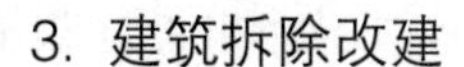

3. 建筑拆除改建

利用 BIM 技术，可以提供详细的工程资料，以支持建筑物的改造、扩建和拆除工作。相关人员可以从 BIM 模型和数据库中提取设计、施工、运维等各个阶段的建筑信息，从而为改造、扩建和拆除工作的方案制定和实际实施提供准确指导。这种综合性的数据和信息汇总，有助于确保工程进展顺利，并最大限度地提高效率。

另外，BIM 技术还能对可回收利用的 PC 构件进行筛选和记录。这些构件可以用于回收再利用或进行二次开发，以节约资源、避免浪费。通过 BIM 技术，可以对这些构件进行准确的标记和记录，在需要时能够迅速找到并有效利用。

总之，借助 BIM 技术，我们能够获得全面的建筑信息，从而在改造、扩建和拆除工作中做出明智的决策。此外，通过筛选和记录可回收利用的 PC 构件，我们能够节约资源并降低浪费。BIM 技术的应用为建筑行业带来了巨大的益处，使得建筑工作变得更加高效、可持续。

二、BIM 技术在装配式建筑中的模块化与组合式设计

（一）BIM 技术在装配式建筑中的模块化设计

1. 模块化设计原理与方法

（1）模块化设计原理。模块化设计是将整个系统的总功能分解为独立、可互换的基础单元模块，通过选择和组合模块，来设计各种新系统。在建筑项目中，模块化设计的应用包括构件和组件模型，它通过将功能空间进行类型划分并通过模块化集成的方式实现建筑的转变。

在大型建筑项目中，模块化设计与预制构件是一个理想的选择。它不仅可以满足消费者个性化需求，还可以节省时间，并得到开发商、施工方和设计者的认同。通过模块化设计，建筑物可以快速聚合、配置、变型和重构，形成基于功能和结构的模块化设计。

建筑设计是根据功能需求找到相应物理结构的过程。它通过解决各专业设计问题，使建筑的每个子功能都能依附在一定的物理结构上。建筑设计又是一个从抽象到具体、逐步细化、反复迭代的过程，需要考虑建筑概念设计、功能、专业、生产、施工等多种要素。

基于 BIM 的模块化设计方法是建立在不同功能、专业的构件或组件基础之上的。它通过模块的选择和组合，实现基于功能模块的设计、基于专业模型的设计以及基于生产施工

的模块设计。这种方法利用了数字技术和信息模型，可以更加高效地进行建筑设计和施工管理，提高项目的质量和效率。

总而言之，模块化设计原理在建筑领域具有重要意义。它通过将系统功能分解为模块，并利用模块选择和组合的方式，实现建筑物的快速变型和重构。基于 BIM 的模块化设计方法在这一过程中发挥着关键作用，通过数字技术和信息模型的应用，提高了建筑项目的设计和施工效率。模块化设计为满足消费者需求、节省时间和提升建筑质量带来了新的可能性，并得到了行业各方的广泛认可和应用。

（2）模块化具体方法。

第一，户型内设计。户型内设计是一个综合考虑功能、结构和设备的过程。在户型内设计中，建筑设计师首先选择与功能要求相符的户型，这确保了最终设计能够满足住户的需求。然后，结构设计师根据户型的布置确定相应的结构，确保建筑的稳定性和安全性。设备设计师则负责选择与功能和结构协调一致的设备模块，避免不同设备之间的碰撞。简而言之，设计师们要完成户型的功能区划分、受力构件布置和设备协调，确保整体设计的协调性和完整性。

户型内设计的重要性不可忽视。首先，户型内设计是剪力墙体系模块化设计的基础。剪力墙体系是一种常用的结构形式，它通过将建筑结构的剪力承载功能集中在墙体中来提高建筑的稳定性。而户型内设计决定了剪力墙的布置和分布，对于整体结构的稳定性起着重要的作用。其次，标准化、系列化的户型库能够提高协同设计效率。通过建立一套标准化的户型模板，设计师可以更快速地进行设计，减少设计周期，提高设计质量和效率。

第二，户型间设计。户型间设计是指通过结构接口将选定的户型组成建筑单元的过程。在户型间设计中，各个户型具有相对独立的功能，但彼此之间存在一定的联系。接口是户型间串并联设计的媒介，可以分为重合接口和连接接口。重合接口是指不同户型之间共享部分重合的构件，如内墙、内隔墙等。而连接接口是指不同户型之间共享构件但没有重合的部分，需要通过外部构件进行连接。

解决接口问题是户型间设计的主要任务。对于重合接口，设计师在设计阶段需要删除重叠的构件，以确保整体的完整性。这可以通过合理的布置和调整来实现。对于连接接口，设计师需要选择适当的外部构件，确保不同户型之间的连接稳固可靠。

第三，标准层设计。标准层设计是确保建筑层内部功能完整性的设计过程。它是由户型及附属构件组合而成，是建筑系统中的重要组成部分。在标准层设计中，主要任务是完善户型之间的功能并添加附属构件，如走廊、空调板等，以实现建筑层内部各功能区域的合理布局和连接。

标准层设计的关键点之一是对设备的设计。它需要解决走廊中的管线布置和水暖井中的主干道分布等问题。确保设备的布置和连接符合功能需求，同时应考虑到施工和维护的便利性，以确保建筑系统的正常运行。

在标准层设计中，还应考虑户型的对称性。采用对称复制的设计方法，在建筑和结构设计中实现户型的对称性，可以提高空间的整体感和使用效率。需要注意的是，复制镜像对称的户型可能会导致重合构件，因此需要进行处理，并添加连接构件，确保标准层的结构稳定和完整。

标准层在住宅建筑设计中占据了重要地位，直接影响着整体建筑设计的效果和品质。一个正确的标准层设计，能够有效地满足住户的需求，提供舒适的居住环境，同时与整体建筑风格和结构相协调，使建筑呈现出统一而完整的形象。

BIM 技术在标准层设计中发挥着重要的作用。它可以协调建筑、结构和设备层的模型，实现三维信息的集成和交流。借助 BIM 技术，设计团队可以进行虚拟的碰撞检测，避免设计中的冲突问题，提高设计的准确性和效率，减少施工中的问题和改动，从而节约成本并提高工程质量。

第四，建筑整体的协同设计。建筑整体的协同设计是将设计师设计好的各层和构件连接在一起，形成完整的建筑系统设计，保证建筑内部各部分的协调性。在建筑设计过程中，协同设计起着至关重要的作用。它不仅涉及标准层设计和连接标准层的构件设计，还包括竖向方向功能组件的连接，以确保建筑整体的功能完整性。

协同设计需要进行专业内协调设计和专业间协调设计。专业内协调设计是指各专业之间的内部协作，旨在通过优化设计、深化设计和碰撞检测等手段来满足各专业之间的功能要求。而专业间协调设计则是指不同专业之间的协作，例如建筑师、结构工程师、机电工程师等，通过协同设计平台进行参数化设计，减少构件之间的错误和缺失，提高设计效率和质量。

基于 BIM 的协同设计在实现上述目标方面具有显著优势。BIM 技术为建筑师提供了优化设计方案的工具，通过对建筑模型的建立和模拟，可以在设计初期发现和解决问题，从而提高设计效果。此外，BIM 技术也促进了各参与方之间的信息交流和共享，使得建筑师、工程师、施工人员等能够更紧密地协作，高效完成建设项目。

综上所述，建筑整体的协同设计是建筑设计过程中不可或缺的环节。它通过将各个专业的设计有机地结合在一起，形成完整的建筑系统设计，并通过 BIM 技术和协同设计平台的应用，提高设计效率、质量和参与者之间的协作效果。协同设计的实施加强了社会对建筑环境的理解，促进了业主与建筑师之间的互动，提高了决策的科学性和准确性，为建设项目的顺利完成提供了有力支持。

2. 标准化 BIM 模型库的构建

为了加快我国装配式住宅标准体系的建立，需要采取一系列措施来增加预制组件、构件和部品的标准化程度，同时对装配式住宅的设计进行标准化和规范化。

首先，利用 BIM 技术，基于多部标准图集和装配式住宅工程实例，建立一个标准化的 BIM 模型库，并搭建开放的信息平台。这个 BIM 模型库将收集各种标准化的预制组件、构件和部品的模型，并将其整合到一个统一的平台上。

其次，利用 BIM 模型库中的标准化集成模型进行装配式住宅设计。通过借助 BIM 模型的可视化和信息集成优势，优化设计流程，提高效率。这意味着设计师可以使用 BIM 模型库中的标准模型来快速创建和调整装配式住宅的设计方案，减少重复劳动和设计错误。标准化的 BIM 模型还可以集成产品信息、商家信息等商品化参数，从而促进市场上下游企业的结合与推广应用。这将有助于提高装配式住宅行业的供应链效率，并促进各方合作与交流。

根据市场和客户需求，在设计标准的引导下，我们可以研发设计新的预制装配式构件或组件模型。这些新模型经过专家评审和设计优化后，可以纳入 BIM 模型库，并实现不断扩充和更新模型库的目标。这将确保 BIM 模型库的时效性和适应性，以满足不断变化的市场需求。模型库的设计和建设过程中应注意以下几点。

（1）模型库分类标准化。BIM 模型库中的模型来源广泛，包括标准图集和工程实例的积累。因此，模型库中存在着大量不同类型的模型，如果不进行分类，将会导致混乱。为了方便维护和更新模型库，并使设计师能够更好地利用它，对 BIM 模型库中的模型进行分类管理是必要的。我们可以根据模型的规模、功能、性质等因素，将其分为五个二级库：标准户型库、功能模块库、设备库、深化构件库和功能性部品库。每个二级库中又可以根据专业、类别、模块等特点，进一步划分为若干不同的三级模型库。这种分类管理的方法使未来对模型库的维护更新更加便捷，方便设计师查找和使用所需的模型。

通过对模型库进行分类管理，我们能够实现以下优势：首先，模型库的组织结构更加清晰，设计师可以更快速地找到所需的模型；其次，模型库的维护和更新工作变得更加高效，因为可以针对特定的二级库或三级库进行操作，而无须对整个模型库进行处理。

总之，对 BIM 模型库中的模型进行分类管理是一种必要且有效的方法。它提高了模型库的可用性和维护效率，同时也为设计师的工作带来了便利。

（2）模型精度。BIM 模型的精度水平，即精度级别（LOD），在定义 BIM 模型的细致程度方面起着关键作用。LOD 最初由美国建筑师协会提出，旨在为项目参与方提供一个统一的标准，明确各个阶段 BIM 模型的细致程度。LOD 的应用范围包括确定模型阶段的输出结果和分配建模任务。它能够帮助团队成员了解模型的细节水平，并在设计、施工和维护等各个阶段中提供指导。一般情况下，LOD 被划分为 100～500 五个等级，这些等级描述了模型从概念阶段到竣工阶段的演变过程。在实际应用中，LOD 等级划分的标准应该根据项目的特点和目的来确定模型的精度级别。不同项目可能对模型的要求有所不同，因此需要根据具体情况进行调整和制定。

对于装配式住宅标准化设计而言，常见的做法是将模型库划分为三个等级。首先是概念模型，适用于概念设计阶段，其中包含基本信息和粗略的轮廓模型。概念模型的目的是展示设计方向和整体概貌。接下来是定义模型，该模型包含了所有相关的诠释资料和技术性信息，用于制定施工进度计划和可视化效果。定义模型是对设计细节进行进一步的完善，使得各个参与方能够更加清晰地了解设计意图。最后是深化模型，它达到了深化施工图的层次，包含了生产和施工过程中所需的详细信息，适用于制造商进行加工和生产。

需要强调的是，标准化设计过程并不涉及施工和运维阶段，因此模型库中的模型精度只需达到深化阶段即可满足要求。而维护模型则是模型的最终形态，它包含了完整且全面的属性信息，用于建筑物的运营和维护。在施工过程中，会不断更新和添加必要的数据信息，以建立一个准确的竣工模型。

总而言之，LOD 在 BIM 中起着至关重要的作用，定义了模型的细致程度。根据具体项目的要求，可以确定不同的 LOD 等级，并根据设计、施工和维护等阶段的需要来制定相应的模型库。通过合理的 LOD 划分，可以提高设计效率、减少错误，并促进建筑项目的顺利进行和有效运营。

（3）模型库管理标准化。BIM 模型库的正常运转离不开计算机管理系统的支持，而管理系统在创建、维护、更新、权限分配和检索使用等方面起着关键作用。为了有效管理模型库，严格的权限分配机制是必要的，以控制对库中模型的上传、编辑、删除和下载等操作。

一般来说，BIM 模型库管理系统将用户分为管理员、编辑员和普通用户三种角色，并为不同角色设置了不同的访问权限。管理员拥有最高管理权限，负责指定或撤销编辑员和普通用户的访问权限，完成对模型库的日常管理工作。编辑员拥有上传和编辑模型的权限，主要负责维护和更新模型库中的模型。他们负责确保模型的准确性和完整性，并根据需要进行修改和更新。普通用户是模型库的主要使用者，他们只具有查看和下载模型的权限。普通用户可以通过模型库系统浏览模型，获取所需信息，并将其应用于实际项目。

为了保证模型库的正常使用，定期维护更新是至关重要的任务。其中包括文件版本升级、删除废弃的模型文件、优化存储空间、进行数据备份和权限分配管理等。通过定期维护更新，可以确保模型库的良好性能和可靠性。

模型库中模型的命名和编码是实现模型入库和检索的基础。通常，模型编码由三段字母数字组成，中间用“_ ”隔开。编码包括模型所在二级库的代码、模型所在三级库的代码以及模型的特有属性定位信息。通过规范统一的模型编码，可以更加有效地管理和检索模型。随着 BIM 技术的发展和应用的不断推进，不断改进和优化模型编码的方法和标准将是未来的研究方向，对于复杂多样的模型信息，实现规范统一的模型编码仍需要进一步研究和探索。

综上所述，BIM 模型库的正常运作需要计算机管理系统的支持，并且管理系统在权限分配、模型维护和更新、以及日常管理等方面发挥着重要作用。严格的权限分配机制和定期的维护更新任务是保证模型库正常运行的关键。同时，规范统一的模型命名和编码对于模型库的管理和检索也起着重要作用，尽管对于复杂多样的模型信息仍需进一步研究和改进。随着技术的不断发展，BIM 模型库的管理和优化将持续进步，为建筑行业带来更高效和可靠的模型管理解决方案。

（二）BIM 技术在装配式建筑中的组合式设计

组合式设计方法是一种将整个系统的功能按照不同层次分解为独立的、可以互换的模块化单元。通过选择和组合这些模块化单元，可以快速组合出各种不同系列、功能和使用用途的模块化单元组合形式。在组合式设计中，需要对每种功能空间进行详细的归类划分，并重新组合模块化单元来实现整体转化过程。这种设计方法的优势在于能够满足用户的个性化需求，同时也节省了设计时间，并提高了设计施工效率。

基于 BIM 的组合式设计方法是一种针对装配式住宅提出的新的设计方法。通过利用 BIM 技术手段，我们可以优化传统装配式设计流程，将建筑物拆分为不同层次、深度和功能的模块单元。

在 BIM 数据平台上，可以进行标准化基础上的多样化组合设计，并进行计算分析以确保设计的合理性和实用性。这种基于 BIM 的装配式结构组合设计流程能够提高设计效率，并推动住宅产业化的快速发展。

1. BIM 组合式设计

BIM 技术在装配式住宅模块化设计中扮演着关键角色，它是实现工厂化生产、装配化施工、一体化装修和信息化管理的基础。借助 BIM 技术，建筑、结构、水暖电等专业之间的信息交互传递更加便捷，建筑物的信息集成度也更高。

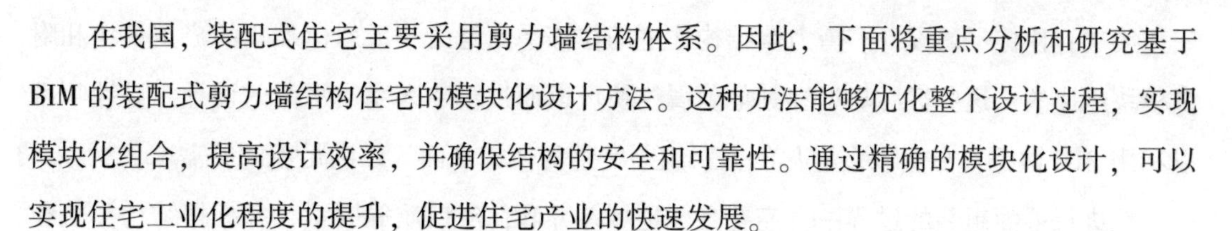

在我国，装配式住宅主要采用剪力墙结构体系。因此，下面将重点分析和研究基于BIM的装配式剪力墙结构住宅的模块化设计方法。这种方法能够优化整个设计过程，实现模块化组合，提高设计效率，并确保结构的安全和可靠性。通过精确的模块化设计，可以实现住宅工业化程度的提升，促进住宅产业的快速发展。

（1）建筑专业组合式设计。我国的装配式剪力墙结构体系的住宅组成普遍相似，一般包括地下室、首层、其他主要楼层和机房层。大部分地上楼层的平面布局相似，可能会根据需要进行少量调整。然而，首层和机房层与其他楼层存在较大差异。首层不仅包括住户的居住区域，还有入口大堂、其他功能房间等。而机房层通常位于住宅的顶层之上，面积较小，主要用于放置电梯主机等机械设备。随着现代建筑设计的不断发展，经过人们长期的淘汰和筛选，住宅用户对户型的要求逐渐明确起来。因此，住宅的户型设计和平面布局已经趋于标准化和规范化。

第一，户型设计。户型设计在住宅建筑中起着至关重要的作用。它涉及住宅内部的平面布局形式，根据面积可分为小、中、大三种户型。一个完整的住宅户型由多个功能区组成，包括公共活动区、私密休息区和辅助区。

为了实现模块化、标准化设计和满足个性化需求，基于BIM的户型模块化设计应运而生。这种方法利用BIM模型库中的功能模块，将不同功能的模块组合起来，实现适度统一。建筑师通过挑选符合需要的住宅功能模块进行户型内部组合，考虑功能布局的多样性、模块之间的互换性和通用性，以及使用人群的经济能力和家庭结构等因素。

不同居住模式对户型设计有不同的需求。对于保障性住房，设计需要考虑使用人群的特点，提供可变性设计。年轻夫妻式居住模式通常需要一间卧室和一间书房。而核心家庭式居住模式则需要三间卧室。对于老年夫妇的居住模式，需要进行适老性改造，增大活动空间。

利用BIM功能模块库中的模型进行户型组装设计是实现户型多样化的重要手段。建筑师可以直接在BIM建筑户型库中挑选标准户型模型，并根据需要进行简单调整，省去烦琐的户型模块组装过程。然而，如果BIM户型库无法满足设计要求，建筑师可以通过功能模块库中的模型进行户型组装设计，并经专家审核后纳入标准化BIM户型库作为补充更新。

总而言之，户型设计在住宅建筑中具有重要作用。通过基于BIM的模块化设计方法，建筑师可以灵活地选择和组合功能模块，满足不同居住模式和个性化需求。这样的设计方法不仅提高了效率，还可以实现户型的多样化和标准化，为居住者提供更加舒适和符合需求的居住环境。随着BIM技术的不断发展和功能模块库的不断更新，未来的户型设计将变得更加灵活、智能化和个性化。

第二，住栋平面设计。剪力墙结构住宅的住栋平面是由一系列标准化的户型模块和附属模块组成的。这些标准户型和其他附属模块可以通过组装来完成平面的设计。设计师可以利用 BIM 数据平台，以多样化的方式组装完整的住栋平面，以满足不同的需求。

在进行平面组装的过程中，需要考虑地域差异和住宅性质等因素，并根据结构受力和美学因素选择适合的布局形式。一个重要的设计原则是尽量使筑栋平面在对称轴左右对称，这有助于保持整体平衡和美观。

标准户型作为生活单元，既具有独立性，又具有相互关联性。模块之间会存在共享部位，也被称为“接口”。接口可以存在于户型之间，也可以存在于户型内部的功能模块之间。处理好接口部位是平面设计的关键。

综上所述，剪力墙结构住宅的住栋平面是通过标准化的户型模块和附属模块的组装来实现的。设计师可以利用 BIM 数据平台进行组合设计，考虑地域差异和住宅性质等因素，并选择合适的布局形式。在设计过程中，要注意对称性和处理好接口部位，以实现平面的美观和功能性。通过合理的平面组合设计，剪力墙结构住宅可以提供多样化的住宅选择，并满足人们不同的需求和偏好。

第三，立面设计。住宅立面设计的标准化，并不是指呆板和单一。相反，它基于组合平面的理念，通过运用色彩变化和部件构件的重组等手法，创造出富有多样性的立面风格，使其与周围环境完美融合。与传统住宅相比，装配式住宅的立面设计具有独特的特点，它是通过组装和拼合不同构件而成的，包括预制墙体构件和功能性构件等。在这种生产模式下，构件的种类越少，数量越大，成本也就越低。

因此，为了降低构件成本、提高施工效率、增加构件的标准化设计，设计师会在 BIM 构件库中选择各种不同风格的预制墙体构件或功能性构件。通过对这些标准构件进行不同形式的组合，能创造出复杂多样的立面形式，最终展现出装配式住宅立面设计的多样性。这种设计方法不仅节省了时间和成本，而且为住宅外观带来了更大的创意和美感。它充分体现了住宅建筑的灵活性和个性化，使得每个装配式住宅都能够独具特色，与周围环境和谐相处。标准化的立面设计并不是单调和缺乏变化，而是通过创造性的构件组合和设计手法，为住宅带来丰富多样的外观形态，使之成为城市景观中的一道亮丽风景。

（2）结构专业组合式设计。在建筑专业设计完成后，结构师根据建筑模型选择适当的结构模型进行组装设计。不同的结构构件布置可以对应一个建筑标准户型的多个结构户型。为了进行预设计，结构设计师利用 BIM 软件平台，在选择合适的结构户型模块后进行必要的调整。预设计的内容包括核心筒、走廊、入口大堂、机房等辅助模块的预组装。

在完成预设计后，结构初步设计模型需要经过计算分析验证其正确性和合理性。实现

BIM 软件与结构计算分析软件之间的数据互相传递是装配式建筑中 BIM 技术的关键。目前，主流结构设计软件正在开发与 BIM 软件相关的数据接口程序，以实现模型数据的互导。

标准化的结构设计流程包括将结构初步设计模型导入结构分析软件中进行整体性能分析。如果分析结果符合规范，并且与选定的结构构件的配筋信息相匹配，那么可以基于该模型完成后续工作。如果计算结果不符合设计要求，需要返回 BIM 模型进行修改，并且需要重复进行结构计算，直到符合设计要求为止。

综上所述，建筑的结构设计过程涉及选择适当的结构模型、进行预设计和调整、验证模型的正确性和合理性，以及与结构计算分析软件进行数据交互。这一过程中，BIM 技术的应用至关重要，通过数据的传递和分析，实现了设计模型与实际建筑之间的有效连接。通过不断地计算和修改，确保最终的结构设计符合要求，为装配式建筑的实施奠定了坚实的基础。

（3）设备安装专业组合式设计。BIM 是一种综合性的设计和管理方法，涵盖了建筑、结构和设备三个专业领域。在设备模块中，包括机械、电气和管道三个专业，它们在建筑设计中起到关键作用。

欧特克（Autodesk）公司开发了机电配管设计（RevitMEP）软件，旨在为设备工程师提供方便的 BIM 设计工作环境。MEP 代表机械（Mechanical）、电气（Electrical）和管道（Plumbing）三个专业的英文缩写。在 2012 年版本之后，RevitMEP、Architecture 和 Structure 三个独立的软件被合并为 Revit，其中 MEP 成为 Revit 的一个模块。

Revit 中的 MEP 模块主要用于水暖电专业的设计工作。在设计过程中，设备专业的标准化设计与建筑模型设计和结构设计同时进行。建筑户型的设计决定了 MEP 的模型方案。设计师根据建筑户型样式，在 BIM 设备模型库中选择相应的水暖电模型，并将其加载到建筑模型中，通过微调使其与建筑户型相适应。

电气专业涉及确定户型内各种电气配件的精确位置，如插座、电箱、预埋电气线管和预留线孔等。在设计过程中，应考虑预制深化构件的选择，以确保预制的户型与电气模型匹配。设计师使用复制、镜像、旋转等操作，完成所有户型内部 MEP 模型的设计。

对于户型外部公共区域的水暖电设计，需要手动绘制，并将各层的横向管道连接，并绘制立管，将每层管道系统连接为建筑物内部的整体模型。在设计过程中，需要对水暖管线进行水流分析计算，对电气模型进行电力负荷计算，以确保设计的合理性。如有不合理之处，需要返回 BIM 模型进行修改调整。

碰撞检查是设计过程中的重要环节，通过不断调整碰撞管线的位置，避免在施工过程中发生无法安装的碰撞。设计师需要进行碰撞检查，以确保设备模型符合设计要求且无碰撞。

2. 专业协同设计

BIM 协同设计是通过共同的信息平台进行建筑工程的参数化设计，旨在减少信息孤岛、提高设计效率和质量。这种设计方法有两种主要方式：实时协同设计和整体协同设计。

实时协同设计是指在同一个 BIM 协作平台上，各专业设计人员通过工作集，实时地进行协同设计。他们可以同时访问和编辑设计模型，进行实时的沟通和协作。这种方式促进了团队之间的密切合作和高效的决策制定。整体协同设计是目前更为常用的方法。它首先要求各专业独立设计自己的部分，然后通过模型连接将设计模型整合到同一 BIM 平台进行协同。在这个过程中，设计团队进行综合协调优化，调整和优化各专业设计模型，以确保符合规范和功能要求。同时，进行碰撞检查和调整，避免问题的发生并减少后期增加的成本。

BIM 技术的整体协同设计加强了专业内部和专业之间的沟通协调。它减少了设计冲突问题，促进了信息交流与反馈的及时性和准确性。团队成员可以更好地理解和协调彼此的设计，提高了决策的科学性和准确性。这种设计方法为项目建设提供了保障，确保了高质量和高效率的设计和施工过程。

总而言之，BIM 协同设计是通过共享信息平台实现的建筑工程设计方法，它通过整体协同设计的方式，加强了专业之间的协调与沟通，减少了设计冲突问题，提高了设计效率和质量。这种设计方法的应用促进了项目建设的顺利进行，为建筑行业带来了新的发展机遇。

3. 基于 BIM 的构件拆分

装配式建筑是一种先进的建筑方法，它将建筑构件在工厂中预先制造，然后在现场进行组装。为了优化构件类型和数量，需要进行预制构件的“拆分设计”。在前期策划阶段，专业人员应该参与进来，确定技术路线和产业化目标。在方案设计阶段，根据目标和构件拆分原则进行方案创作，以避免后期技术经济的不合理和设计失误。

组合式设计以户型为基本单元，在完成整体设计后，需要按照相关拆分规则将户型和其他附属模块拆分为构件单元，为深化设计和生产提供必要的信息。构件拆分需要满足相关规定和建筑模数协调统一标准，并遵循“少规格，多组合”的原则，以形成标准化的预制构件 BIM 模型系列。在构件拆分过程中，还需要考虑设备预埋、模具摊销、吊装、附着和运输等问题。

构件拆分的过程需要综合考虑设计、生产、施工等方面的问题，以避免困难情况下的拆分。同时，还应该考虑工程造价问题，通过提高预制率来降低建设成本。完成构件拆分后，根据拆分的参数，可以在 BIM 构件库中选择匹配度最高的构件模型，进行下一步的深化设计。基于 BIM 的构件拆分与挑选具有可视化和集成化特点，可以将参数信息传递至构件生产和装配施工阶段。

相比传统设计流程，基于 BIM 技术的装配式住宅组合式设计方法具有明显优势。它能够在标准化的基础上实现多样化的组合，提高设计效率，并推动住宅产业化的发展。这种方法使得装配式建筑更加灵活、高效，并且具有更好的适应性。通过提前规划和精确的构件拆分，装配式建筑可以实现高质量、高效率的施工，为建筑行业的可持续发展做出贡献。

参考文献

[1] 白杨．装配式建筑技术集成应用研究［J］．工程建设与设计，2019（12）：178.

[2] 蔡尚洋，吴金栩，张科，等．装配式建筑公差分析研究［J］．施工技术（中英文），2022，51（22）：17-20.

[3] 陈旭，王玉荣，龚迎春，等．我国胶合木制备及增强技术研究进展［J］．木材科学与技术，2022，36（6）：24-31，74.

[4] 崔洪军，朱嘉锋，姚胜，等．装配式建筑框架节点研究综述［J］．科学技术与工程，2023，23（1）：1-12.

[5] 段嘉琪．装配式钢框架结构体系的研究与应用分析［J］．工程管理，2022，3（1）：154. 黄小媚，曾挺晟．钢结构建筑设计［J］．城市建设理论研究（电子版），2016，6（2）：31.

[6] 冯大阔，张中善．装配式建筑概论［M］．郑州：黄河水利出版社，2018：68.

[7] 冯领香，向敏，刘振，等．建筑信息模型在装配式木结构别墅项目中的应用［J］．建筑经济，2018，39（8）：116-120.

[8] 何正豪，田元福．参建单位视角的装配式建筑施工安全风险因素［J］．科学技术与工程，2023，23（1）：321-326.

[9] 季元，张强，刘伟．钢筋套筒灌浆连接质量检测技术及质量控制策略探索［J］．江苏建筑职业技术学院学报，2022，22（04）：35.

[10] 蒋俊．标准化理念下的装配式建筑设计［J］．新材料·新装饰，2021，3（10）：56-57.

[11] 李安永．BIM 技术在装配式建筑构件中的应用［J］．江西建材，2016（22）：105.

[12] 李欣函，尤完．我国装配式建筑产业发展水平研究［J］．建筑经济，2021，42（8）：62-66.

[13] 李远．装配式建筑功能部品的标准化设计［J］．中外建筑，2018（9）：157-159.

[14] 卢旭．施工质量控制［J］．中外企业家，2013（32）：220.

[15] 陆步云，周光志，缪冬冬．BIM 技术在预制装配梁柱式木结构住宅产业化中的应用 [J]. 林产工业，2017，44（11）：41-44.

[16] 毛诗洋，孙彬，齐健，等．装配式混凝土结构连接技术研究综述 [J]. 施工技术（中英文），2022，51（11）：49-53，64.

[17] 聂丹，杜雪萍．浅析装配式建筑设计 [J]. 中国新技术新产品，2018（13）：87-88.

[18] 彭鹏，张文文．装配式建筑实施管理策略分析 [J]. 建筑技术，2022，53（1）：124-127.

[19] 王江营，陈浩，刘国庆，等．装配式建筑技术在绿色建造中的综合应用 [J]. 施工技术（中英文），2022，51（16）：73-77.

[20] 王姝，廉瑞强，王初生．装配式混凝土结构套筒灌浆连接偏差仿真 [J]. 计算机仿真，2021，38（12）：232-236.

[21] 文博，杨会峰，史本凯，等．采用钢筋桁架楼承板的木-混凝土组合梁动力性能试验研究 [J]. 工业建筑，2022，52（10）：156-160，203.

[22] 吴刚，冯德成，徐照，等．装配式混凝土结构体系研究进展 [J]. 土木工程与管理学报，2021，38（4）：41-51，77.

[23] 武琳，李忠秋．基于 BIM 技术的装配式建筑标准化设计与节能降耗路径研究 [J]. 砖瓦，2022（8）：50-52.

[24] 薛皓泽．装配式建筑设计要点 [J]. 建材与装饰，2022，18（18）：60-62.

[25] 张成荣．装配式建筑设计简析 [J]. 江西建材，2017（17）：34.

[26] 张驰，张文杰，何坤，等．装配式建筑绿色供应链的利益分配研究 [J]. 建筑经济，2023，44（3）：79-87.

[27] 张光宇．浅论装配式建筑 [J]. 砖瓦世界，2020（22）：57.

[28] 张鲁，黄建坤，刘问，等．基于建筑信息建模的装配式轻型木结构设计建造方法 [J]. 浙江大学学报（工学版），2018，52（9）：1676-1685.

[29] 张文豪．装配式剪力墙套筒灌浆连接灌浆过程研究 [D]. 合肥：安徽建筑大学，2022：5.

[30] 张霞．装配式混凝土结构质量控制及监管研究 [J]. 施工技术，2016，45（17）：137-140.

[31] 张占旺．装配式建筑设计的基本思考与标准化分析 [J]. 百科论坛电子杂志，2021（7）：1958.

[32] 赵富荣，李天平，马晓鹏．装配式建筑概论［M］．哈尔滨：哈尔滨工程大学出版社，2019.

[33] 赵彦革，孙倩，魏婷婷，等．装配式建筑绿色建造评价体系研究［J］．建筑科学，2022，38（7）：134-140.

[34] 郑喜，马嘉蔚，傅文文，等．不确定环境下单机器生产与运输协同调度研究［J］．福建质量管理，2019（22）：150

[35] 周建晶．基于 BIM 的装配式建筑精益建造研究［J］．建筑经济，2021，42（3）：41-46.

[36] 卓旬，刘庆辉，徐艳红，等．装配式混凝土结构连接节点研究综述［J］．混凝土，2022（12）：155-162，167.